Unity × 遊戲手把

虛實整合互動遊戲設計

記得到旗標創客・
自造者工作坊
粉絲專頁按『讚』

1. 建議您到「旗標創客・自造者工作坊」粉絲專頁按讚，有關旗標創客最新商品訊息、展示影片、旗標創客展覽活動或課程等相關資訊，都會在該粉絲專頁刊登一手消息。
2. 對於產品本身硬體組裝、實驗手冊內容、實驗程序、或是範例檔案下載等相關內容有不清楚的地方，都可以到粉絲專頁留下訊息，會有專業工程師為您服務。
3. 如果您沒有使用臉書，也可以到旗標網站 (www.flag.com.tw)，點選 聯絡我們 後，利用客服諮詢 mail 留下聯絡資料，並註明產品名稱、頁次及問題內容等資料，即會轉由專業工程師處理。
4. 有關旗標創客產品或是其他出版品，也歡迎到旗標購物網 (www.flag.tw/shop) 直接選購，不用出門也能長知識喔！
5. 大量訂購請洽

學生團體	訂購專線：(02)2396-3257 轉 362 傳真專線：(02)2321-2545
經銷商	服務專線：(02)2396-3257 轉 331 將派專人拜訪 傳真專線：(02)2321-2545

國家圖書館出版品預行編目資料

FLAG'S 創客 ・ 自造者工作坊
Unity X 遊戲手把虛實整合互動遊戲設計
施威銘研究室著 初版．臺北市：旗標，2020.11 面；公分

ISBN 978-986-312-645-4 (平裝)

1. 電腦遊戲 2. 電腦程式設計

312.8 109012645

作　　者／施威銘研究室

發 行 所／旗標科技股份有限公司

台北市杭州南路一段15-1號19樓

電　　話／(02)2396-3257(代表號)

傳　　真／(02)2321-2545

劃撥帳號／1332727-9

帳　　戶／旗標科技股份有限公司

監　　督／黃昕暐

執行企劃／翁健豪・呂育豪

執行編輯／翁健豪・呂育豪

美術編輯／薛詩盈

封面設計／施雨亨

校　　對／黃昕暐・呂育豪・翁健豪

行政院新聞局核准登記-局版台業字第 4512 號

ISBN 978-986-312-645-4

CONTENTS

CHAPTER 01

Unity 互動遊戲設計 × 多功能遊戲手把

玩遊戲是很多人想放鬆時的選擇，當你在玩遊戲時，是否有過自己製作遊戲的念頭呢？本套件將會帶著你學習目前熱門的遊戲引擎 Unity, 並自製遊戲手把，打造出理想的虛實整合互動遊戲。

1-1 Unity 簡介

Unity 是一款 2D/3D **遊戲引擎**，遊戲引擎是指已經編寫好一些遊戲內時常用到的功能，像是美術、音效、砲彈是否擊中目標、物體碰撞後的移動方向⋯等，讓遊戲開發者可以更簡單且方便地製作遊戲。

Unity 建立的遊戲可以運作於『手機』、『電腦』和『電視遊樂器』等平台，本套件會將重點放在**電腦遊戲**，每個實驗會設計一個小遊戲，最後會提供一個完整的互動遊戲。

unity

圖片來源：維基百科

1-2 多功能遊戲手把

多數電腦遊戲都是使用『滑鼠』和『鍵盤』操作，如果能使用像是 PS4 手把那樣來控制是不是更加有趣呢？

本套件就會帶你自製多功能遊戲手把（後續簡稱手把），包含常見的**搖桿**、**按鈕**、**振動馬達**和**旋鈕**，更包含了可以**安裝武器的插槽**和**光感測元件**，比起滑鼠、鍵盤接受到更多現實環境中的資訊。下一章就讓我們一起來組裝『手把』吧！

基本功能

武器插槽

插入外接式武器來更換武器

按鈕

旋轉視角或射擊

搖桿

控制角色移動

振動馬達

遊戲角色受到攻擊時讓控制器產生振動回饋

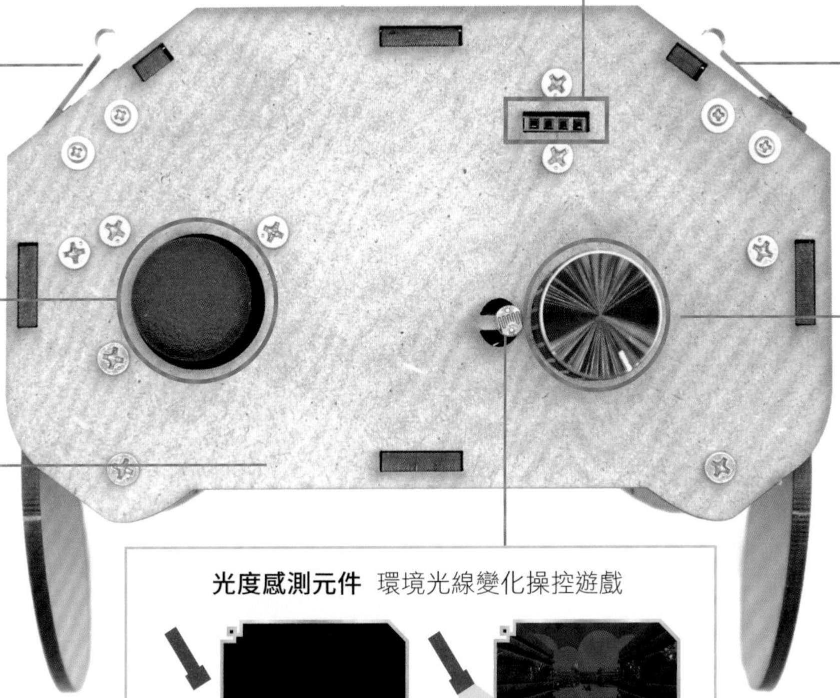

按鈕

旋轉視角或射擊

旋鈕

調整移動速度

光度感測元件 環境光線變化操控遊戲

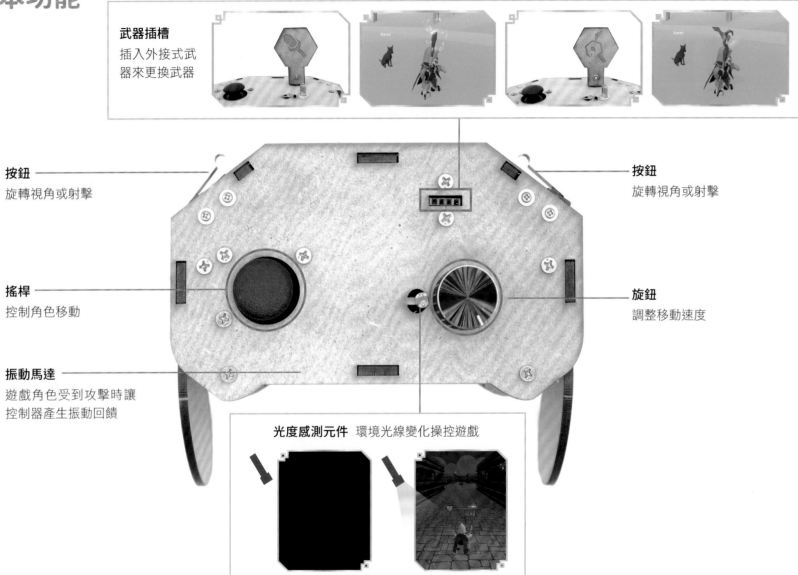

CHAPTER 02

組裝遊戲手把

本套件的遊戲手把外殼是由木板經過雷射切割後組裝而成，內部則需要透過麵包板連接組裝各種模組及電子元件。本章將一步步帶你組裝遊戲手把，最後試玩一個簡單的測試遊戲確認手把可以正常運作。

做完本章節所有的操作步驟之後，你會得到一個完整的遊戲手把，這個手把可以用來執行本手冊中所有的實驗內容，也可以遊玩本套件特製的 RPG 互動遊戲。

如果你是 Unity 或電子電路的進階玩家，在熟悉各方面的知識之後，你也可以依照自己的喜好將手把或遊戲改造成你想要的樣子。

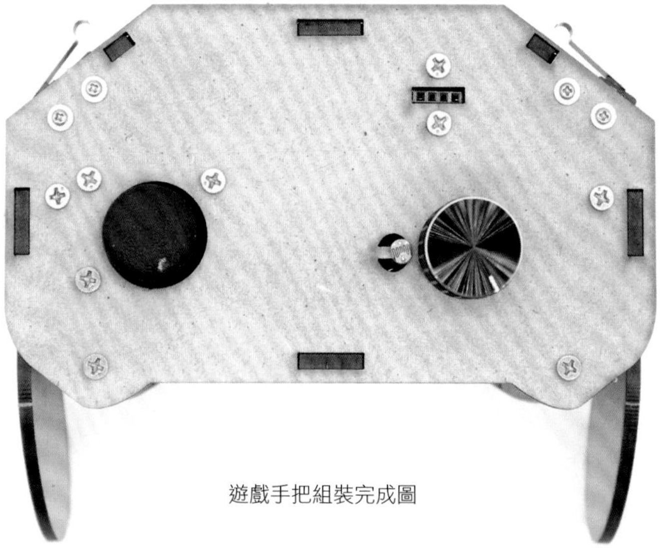

遊戲手把組裝完成圖

在開始組裝之前請先把套件中所有的電子零件與木片拿出來清點，確認沒有短少後再進行組裝。

2-1 零件清點

木片

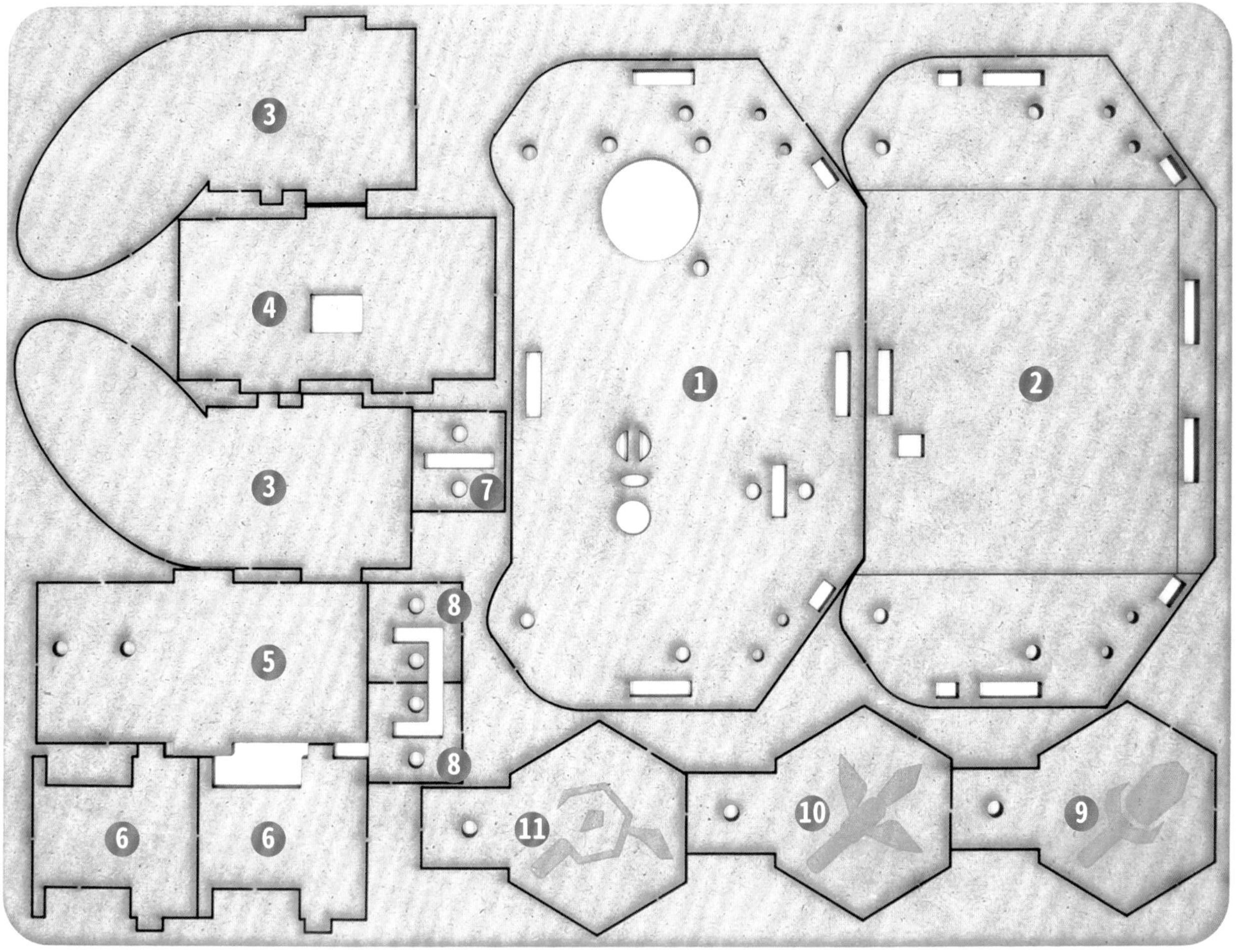

1 頂部木片
2 底部木片
3 握把木片 ×2
4 前方木片
5 後方木片
6 斜前方木片 ×2
7 I 型木片
8 G 型木片 ×2
9 湯姆法杖木片
10 圖靈法杖木片
11 特斯拉法杖木片

電子零件

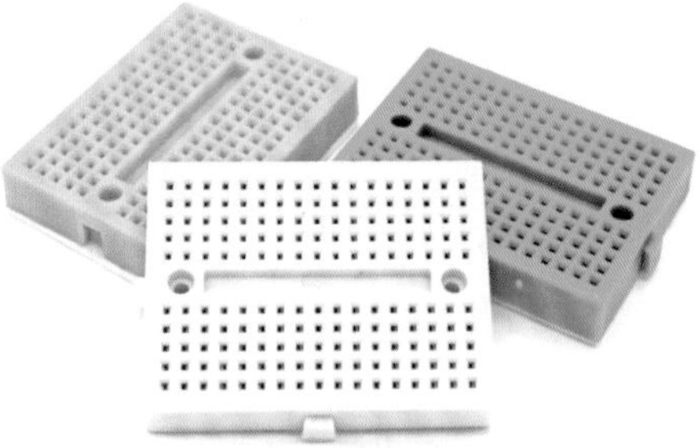

麵包板 3 片（顏色隨機）

可變電阻 + 旋鈕帽 + 螺帽墊片 1 組

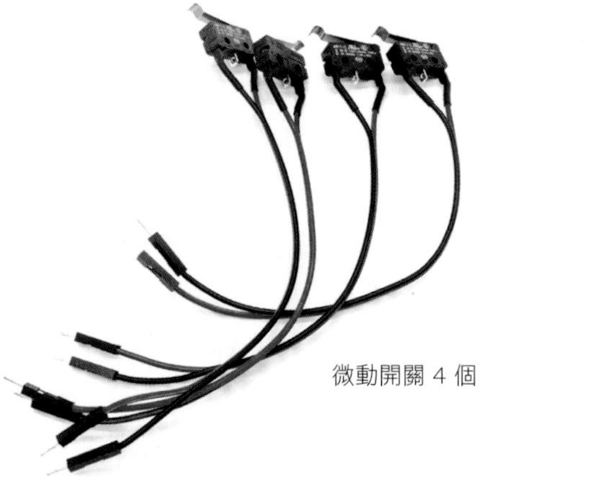

微動開關 4 個

搖桿模組 1 個

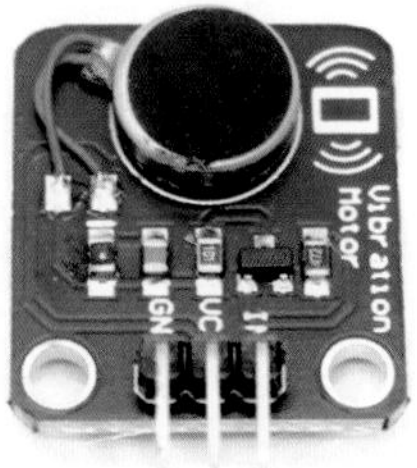

震動模組 1 個

6 pin 母母排線 1 排

ESP32 控制板 +
USB 線 1 組

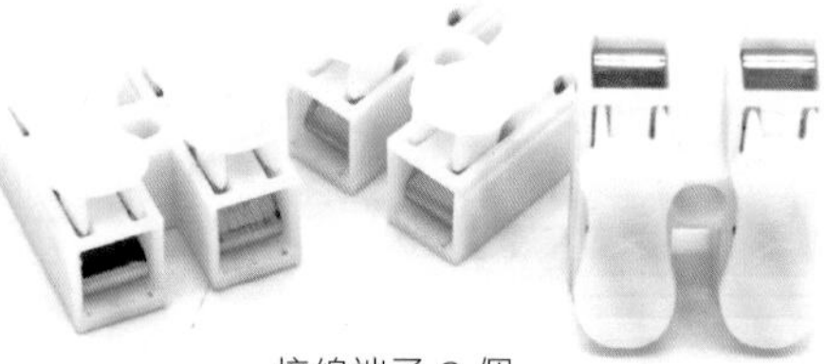

接線端子 3 個

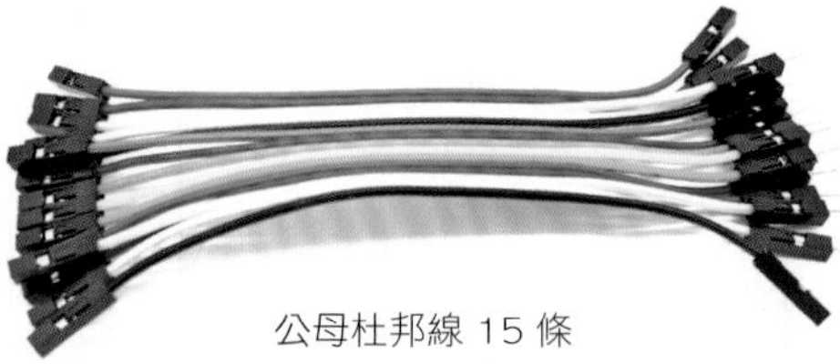

公母杜邦線 15 條

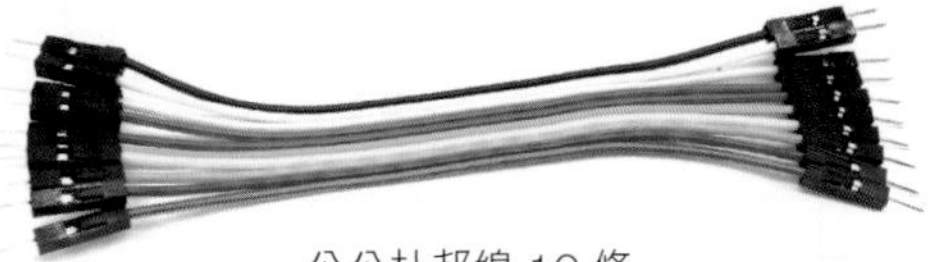

公公杜邦線 10 條

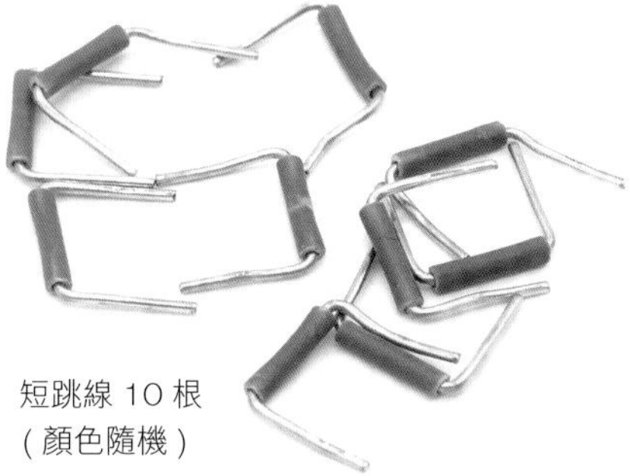

短跳線 10 根
(顏色隨機)

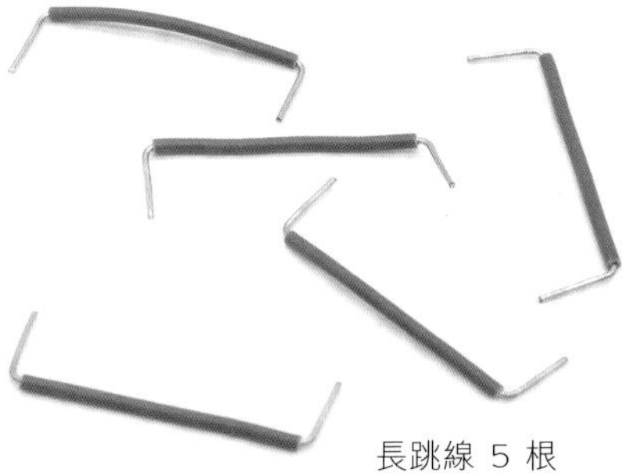

長跳線 5 根
(顏色隨機)

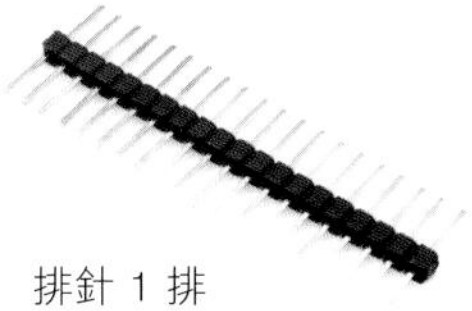

排針 1 排

電阻

1 歐姆電阻 1 個

1K 歐姆電阻 3 個

10K 歐姆電阻 2 個

光敏電阻 1 個

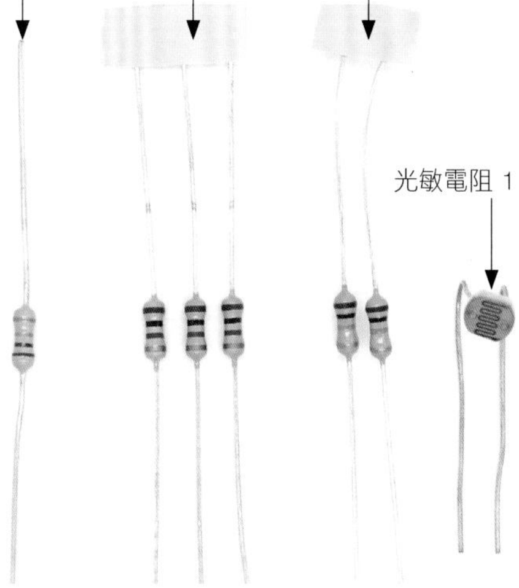

螺絲螺帽

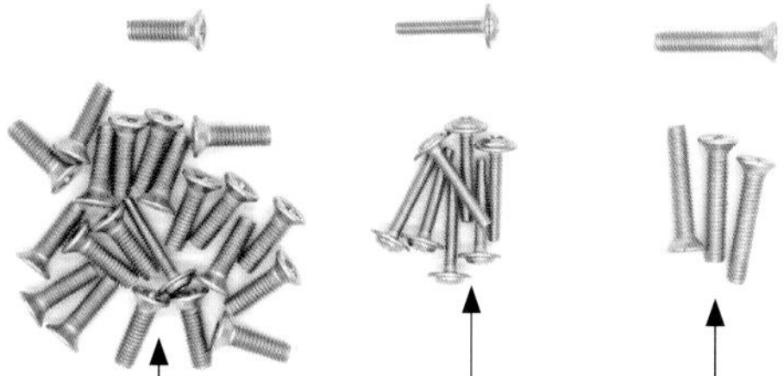

M3 * 10 螺絲 21 個

M2 * 12 螺絲 9 個

M3 * 16 螺絲 4 個

▲ M3/M2 代表螺絲的直徑為 3mm/2mm, 後面的 10、12、16 代表長度 , 單位也是 mm (毫米)。

M2 螺帽 9 個

M3 螺帽 6 個

銅柱

M3 * 16 銅柱 3 個

M3 * 10 銅柱 2 個

M3 * 35 銅柱 4 個

▲ 此處的 10、16、35 代表銅柱的長度。

您要自備的部分

本套件需要自備的工具有：十字螺絲起子、剪刀。

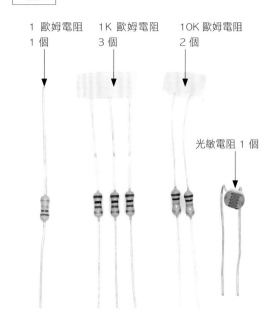

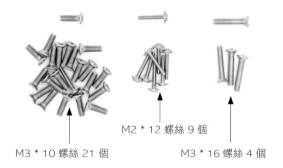

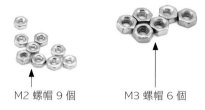

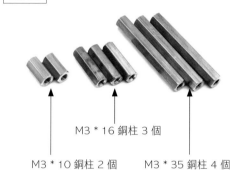

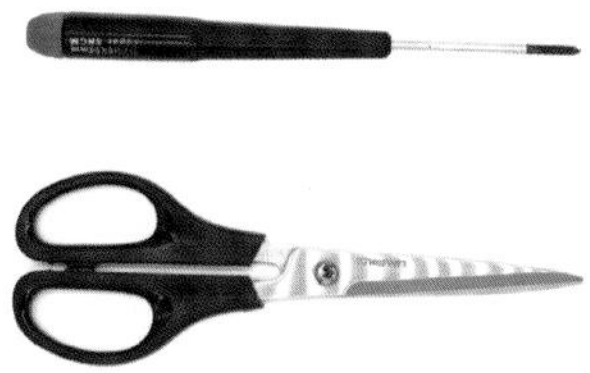

2-2 組裝電路

麵包板

麵包板的正式名稱是**免焊萬用電路板**，俗稱**麵包板 (bread board)**。麵包板不需焊接，就可以進行簡易電路的組裝，十分快速方便。

麵包板的表面有很多的插孔。插孔下方有相連的金屬夾，當零件的接腳插入麵包板時，實際上是插入金屬夾，進而和同一條金屬夾上的其他插孔上的零件接通：

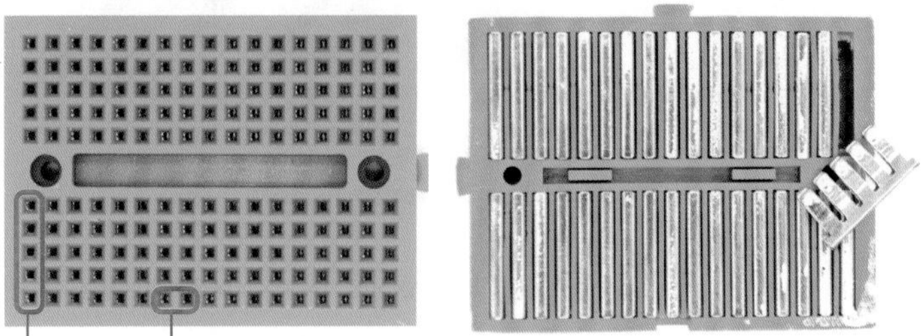

相通　不通

麵包板上每一排 5 個插孔的金屬夾片接通，但左右不相通，也可以藉由**導線 (杜邦線)** 連接到其他電子元件。

接線端子

除了手把本體之外，還要組裝 3 組武器：

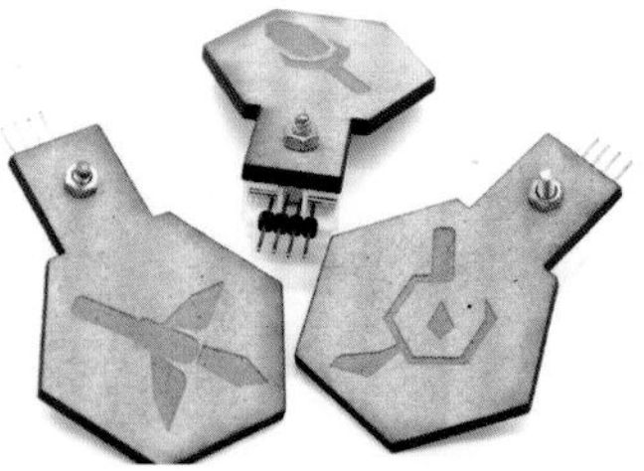

目前還不需要組裝此元件

而為了讓電子元件固定在木片上，同時讓元件能方便地與手把本體連接、拆卸，要使用到**接線端子**：

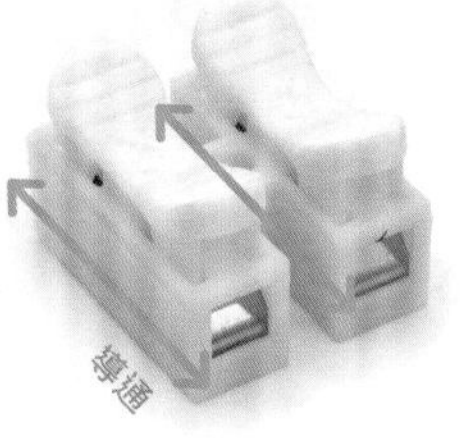

接線端子能夠藉由內部的鐵夾，連接端子兩側的線路使其導通，按壓接線端子上方的開關就能打開內部鐵夾子，將欲連接的電子元件針腳放入孔洞後鬆開開關即可夾住針腳：

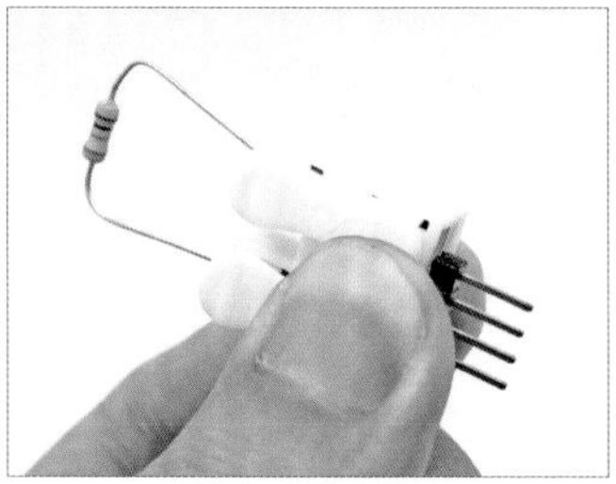

目前還不需要組裝此元件

組裝電路

組裝底板電路

1 將 ESP32 插入麵包板兩塊中間

留下三排孔洞

USB 端留下兩排孔洞

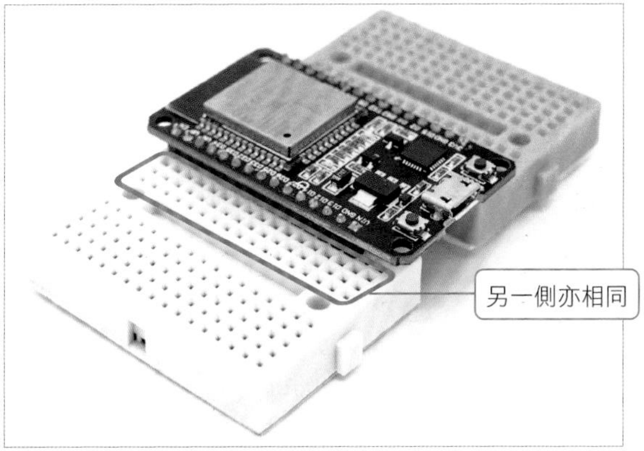
另一側亦相同

2 將麵包板貼上木板

1 撕下麵包板背面的泡棉膠

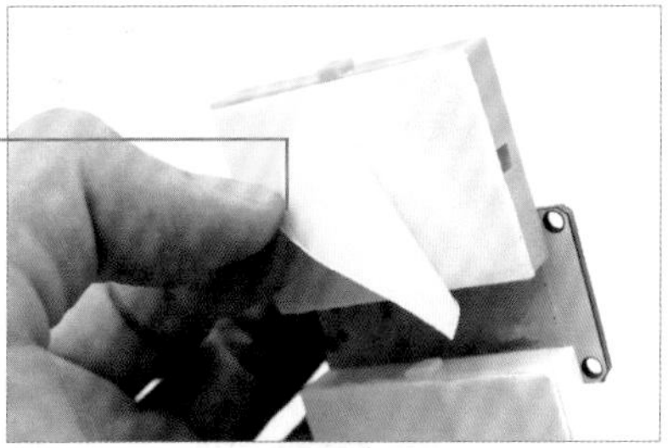

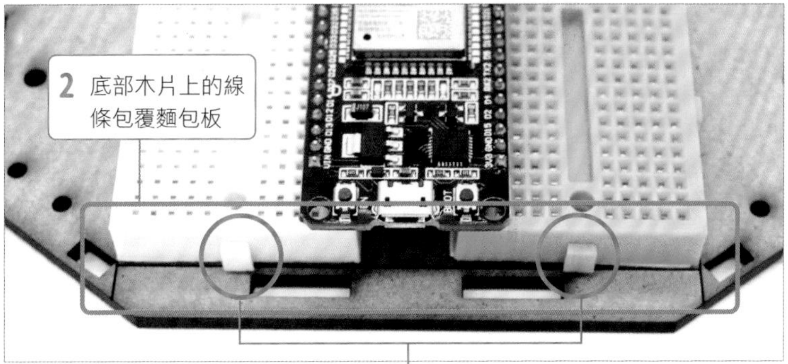
2 底部木片上的線條包覆麵包板

麵包板凸起處請勿蓋過木片方孔

3 將短跳線插入 GND 腳位並連接到另一側的孔洞

將麵包板的兩處孔洞連接　GND

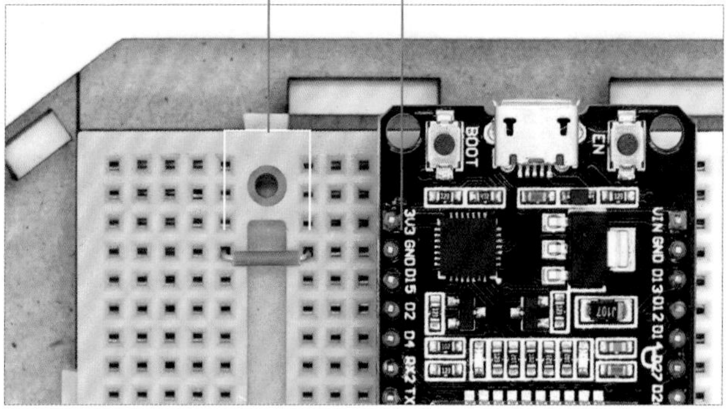

4 插入 4 根長跳線，延伸標示數字 19、21、22、23 的腳位至麵包板隔壁的區塊

19
21
22
23

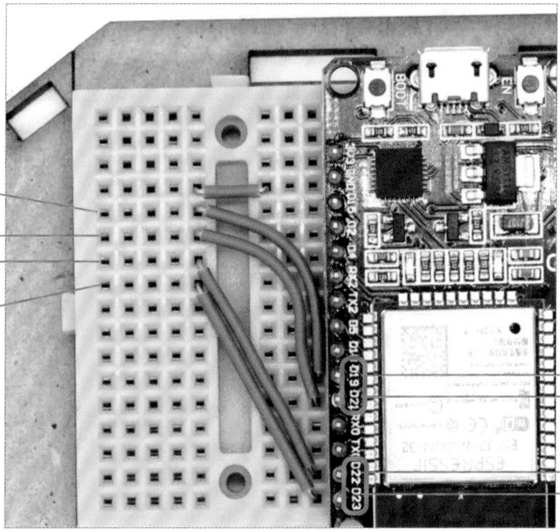

19
21
22
23

5 連接微動開關

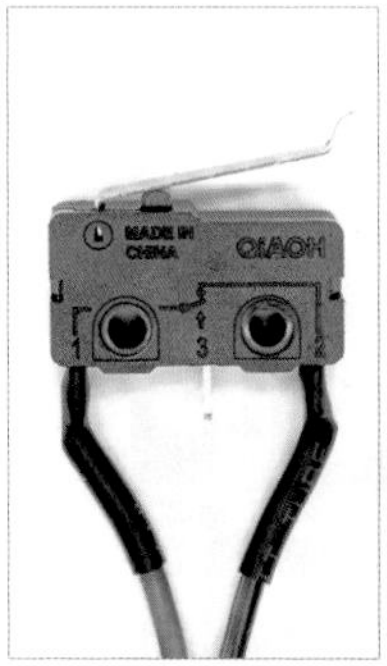

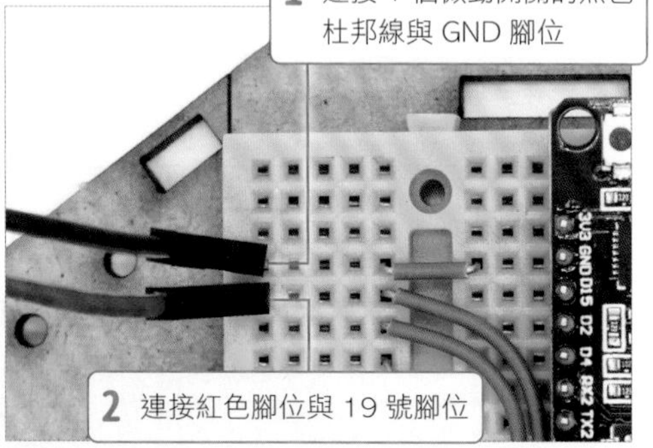

1 連接 1 個微動開關的黑色杜邦線與 GND 腳位

2 連接紅色腳位與 19 號腳位

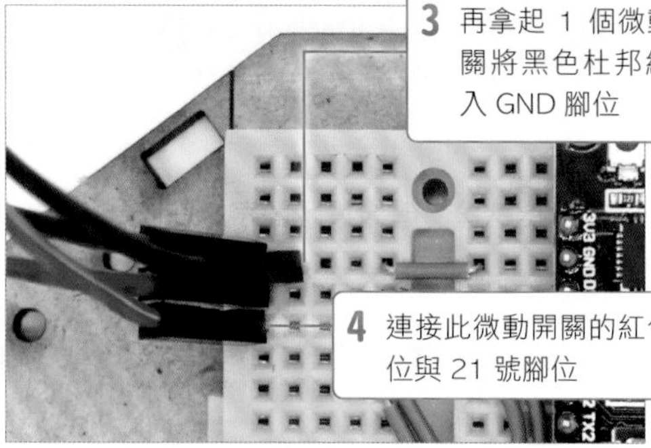

3 再拿起 1 個微動開關將黑色杜邦線插入 GND 腳位

4 連接此微動開關的紅色腳位與 21 號腳位

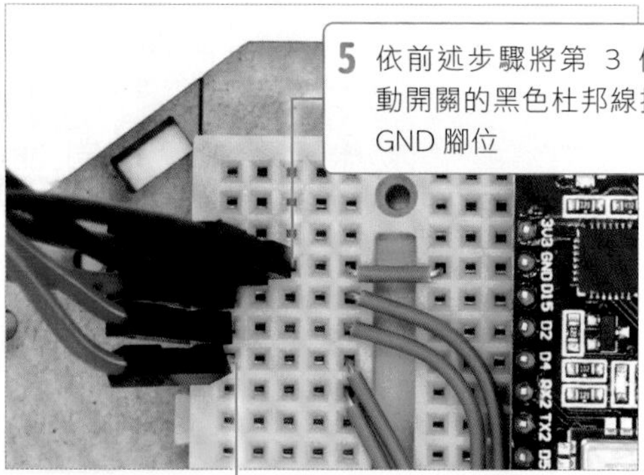

5 依前述步驟將第 3 個微動開關的黑色杜邦線插入 GND 腳位

6 此微動開關的紅色腳位插入 22 號腳位

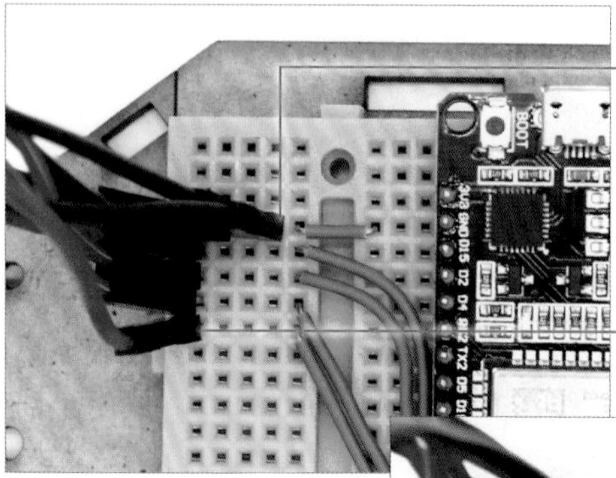

7 第 4 個微動開關的黑色杜邦線插入 GND 腳位

8 紅色腳位插入 23 號腳位

微動開關
接線完成

6 連接震動馬達模組

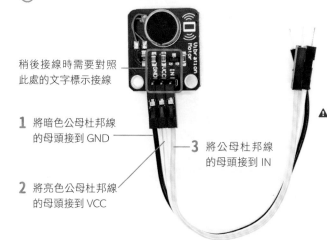

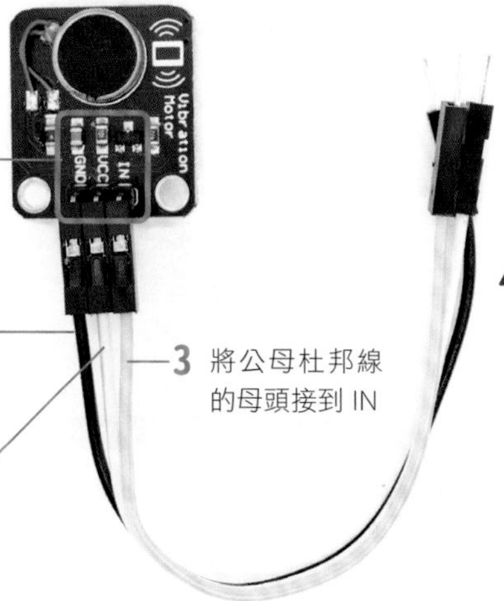

稍後接線時需要對照此處的文字標示接線

1 將暗色公母杜邦線的母頭接到 GND

2 將亮色公母杜邦線的母頭接到 VCC

3 將公母杜邦線的母頭接到 IN

⚠ 杜邦線是二端已經做好接頭的導線，可以很方便的用來連接模組與麵包板等電子元件，使用時請一條一條撕下。不同顏色的導線功能都相同，通常使用亮色杜邦線連接電源正極；暗色杜邦線連接電源負極。

4 將短跳線插入 VIN 腳位並與麵包板的另一側連接在一起

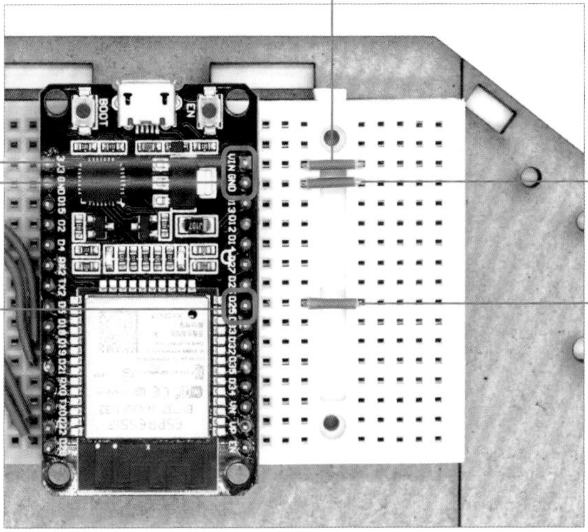

VIN

GND

25

5 同上一步驟連接 GND 腳位

6 同上一步驟連接 25 號腳位

7 震動馬達的 VCC 連接至 ESP32 的 VIN

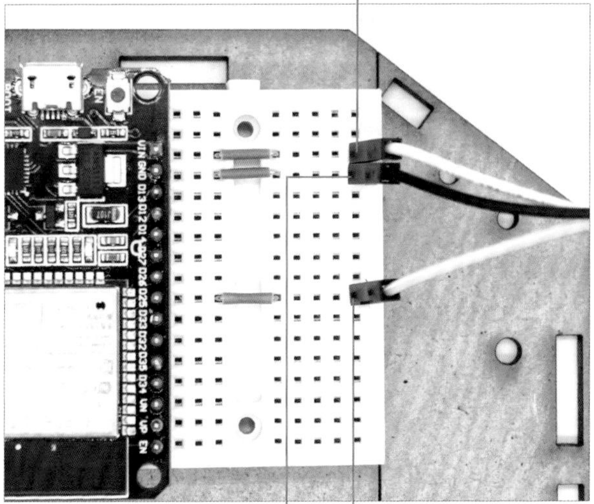

8 GND 連接至 GND　**9** IN 連接至 25

7 連接搖桿模組

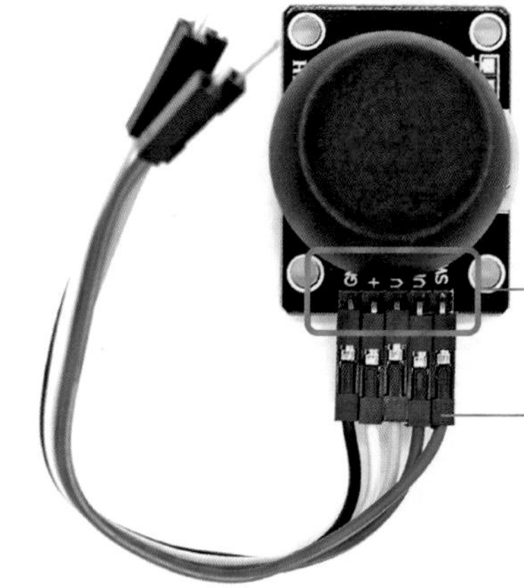

稍後接線時需要對照此處的文字標示接線

1 將 5 條公母杜邦線的母頭插上搖桿模組

2 搖桿模組的 +5V 連接到 3V3 腳位

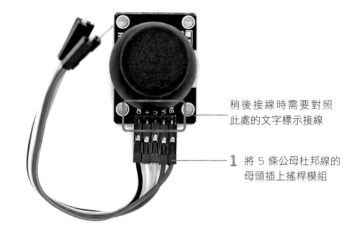

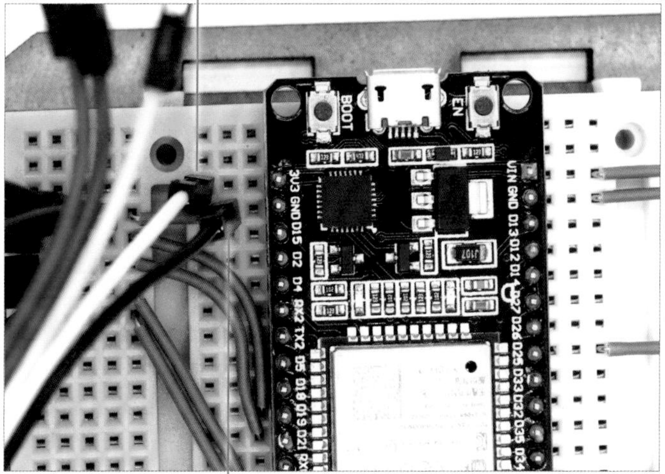

3 搖桿模組的 GND 連接到 GND 腳位

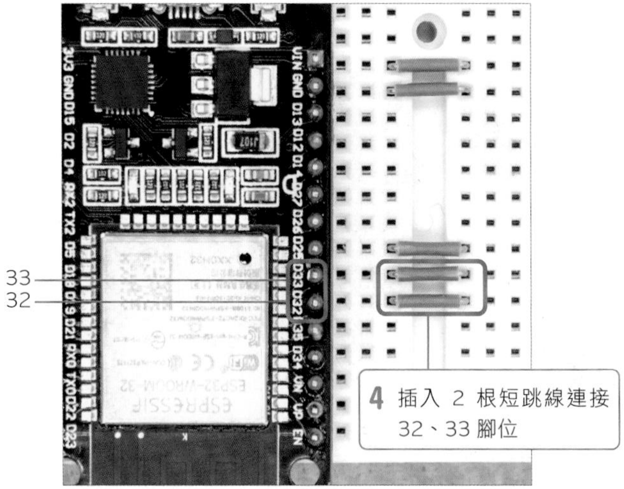
33
32
4 插入 2 根短跳線連接 32、33 腳位

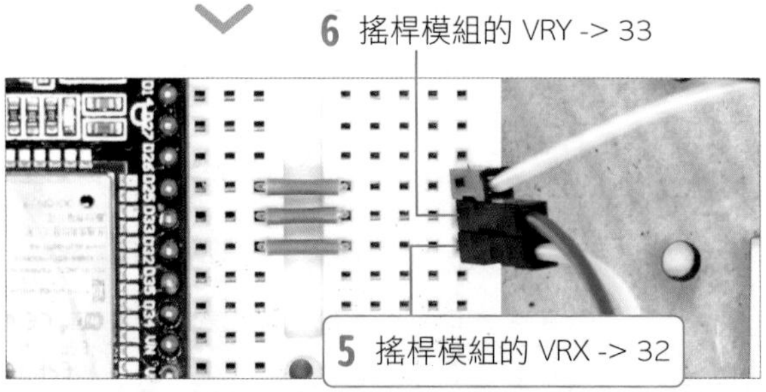
6 搖桿模組的 VRY -> 33
5 搖桿模組的 VRX -> 32

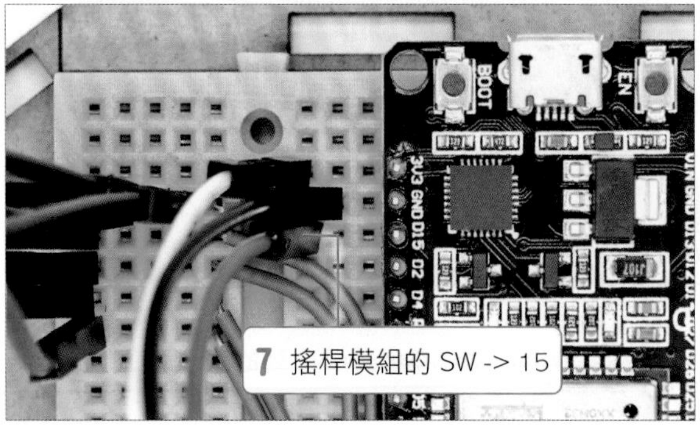
7 搖桿模組的 SW -> 15

組裝後方木片電路

1 組裝麵包板

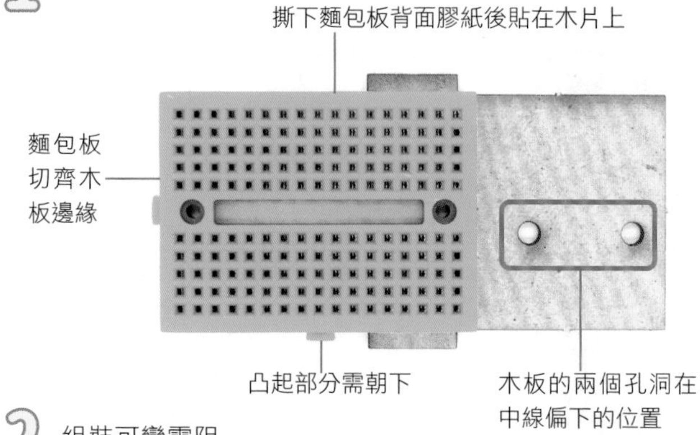
撕下麵包板背面膠紙後貼在木片上
麵包板切齊木板邊緣
凸起部分需朝下
木板的兩個孔洞在中線偏下的位置

2 組裝可變電阻

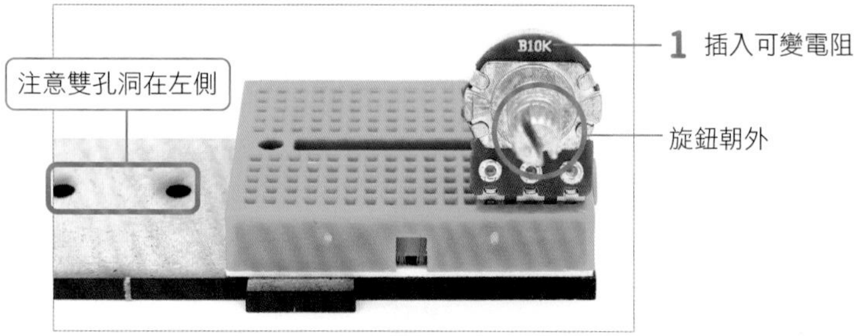
1 插入可變電阻
注意雙孔洞在左側
旋鈕朝外

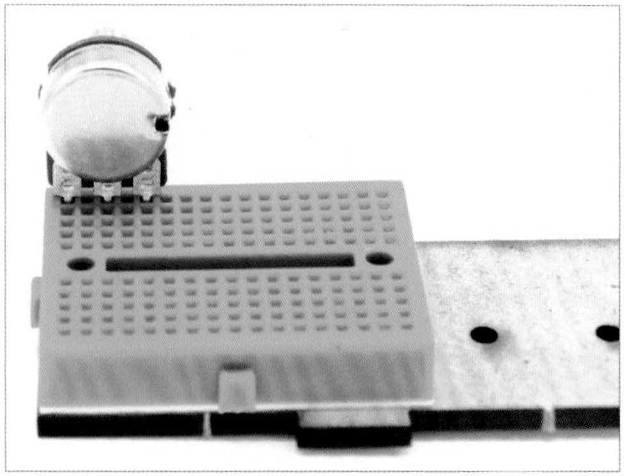

3 旋鈕穿過孔洞

2 將後方木片插入上方木片

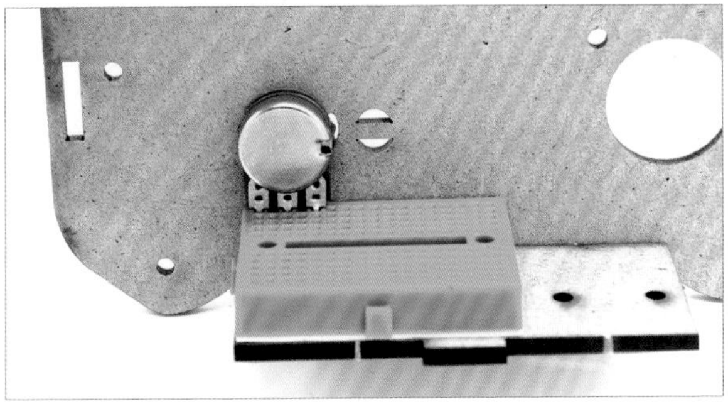

4 將可變電阻的墊片與螺母依序穿過旋鈕並鎖緊

5 將旋鈕逆時針轉到底

6 插入旋鈕帽

3 組裝光敏電阻

1 將光敏電阻的 2 支腳分別插入旋鈕帽左側的 2 個半圓形孔洞中

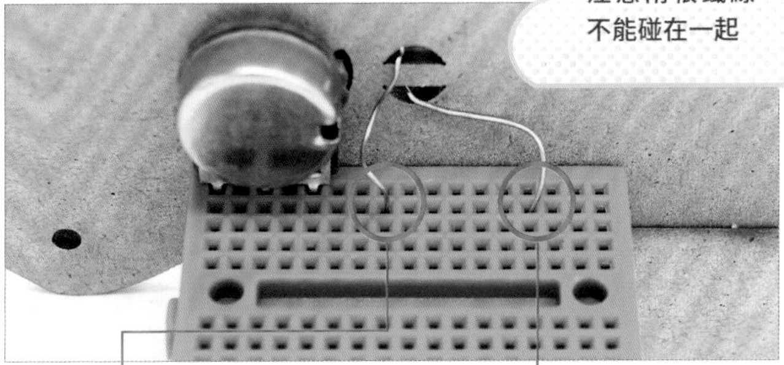

注意兩根鐵線不能碰在一起

2 將上方孔洞的腳位插入第 2 排左邊數來第 8 個孔洞

3 將下方孔洞的腳位插入第 2 排右邊數來第 4 個孔洞

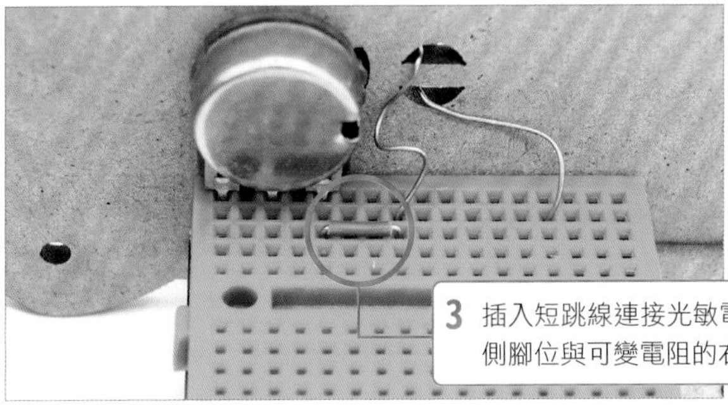

3 插入短跳線連接光敏電阻的左側腳位與可變電阻的右側腳位

將 1K (標示棕、黑、紅、金) 歐姆電阻的一支腳插入光敏電阻右邊腳位同一行的最下方孔洞 , 另一支腳插入右邊腳位往左邊數 3 格 , 再往上數 1 格的孔洞。

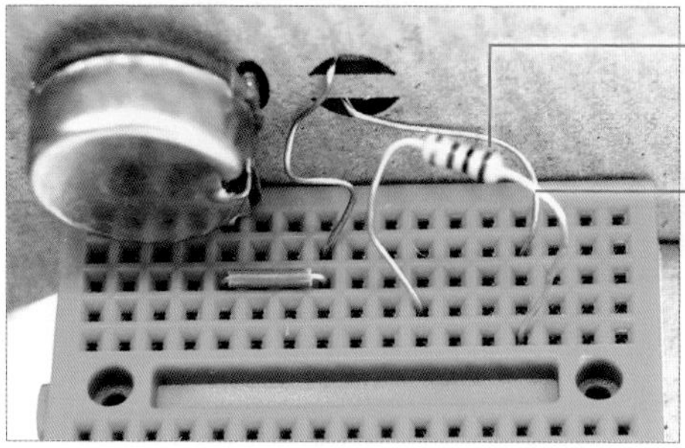

4 插入標示棕、黑、紅、金的 1K 歐姆電阻

注意各個導線彼此不會互相碰到

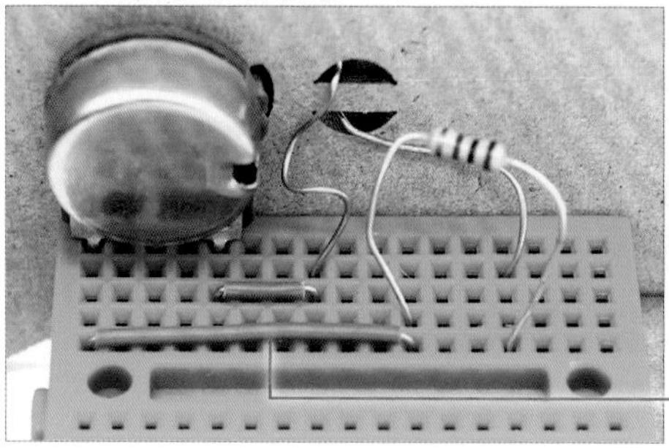

5 插入長跳線連接電阻與可變電阻左側腳位

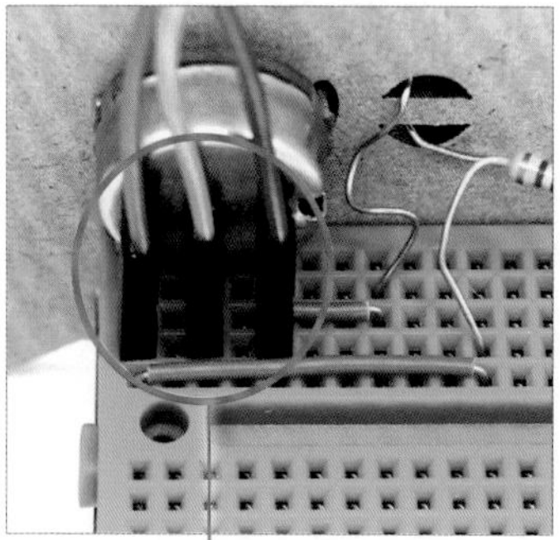

6 插入 3 條公公杜邦線延伸可變電阻的腳位

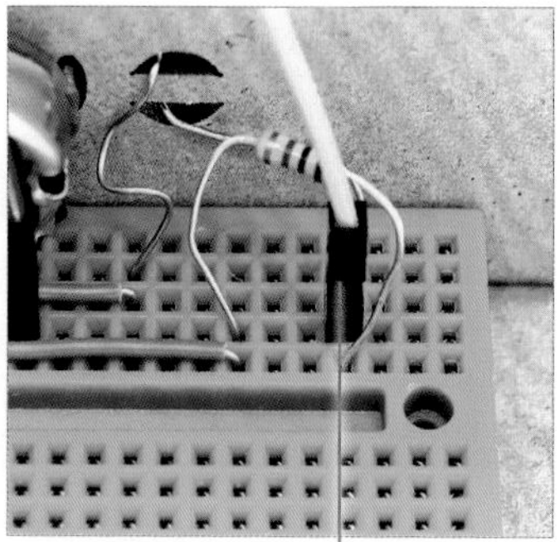

7 插入 1 條公公杜邦線至電阻與光敏電阻的共用腳位

組裝武器和武器座台線路

1 組裝武器

1 將 1 歐姆電阻 (標示棕、黑、金、金) 的兩支腳位插入接線端子

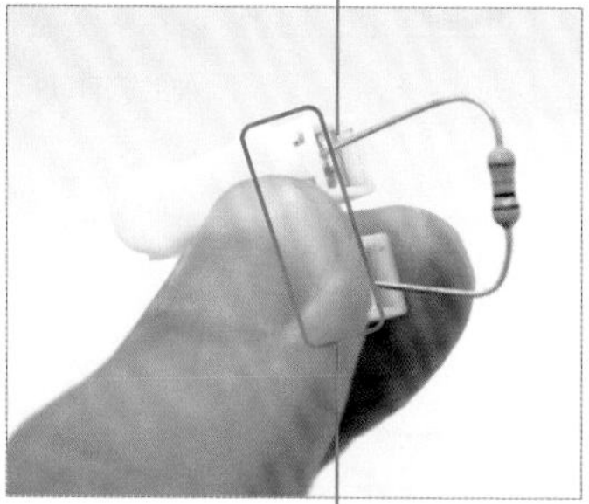

壓下接線端子的開關後插入電阻的針腳

2 用扭轉的方式撥下 1 組 4 根腳位的排針

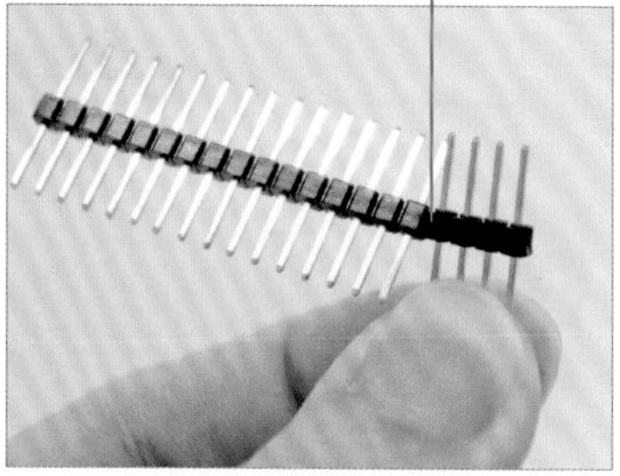

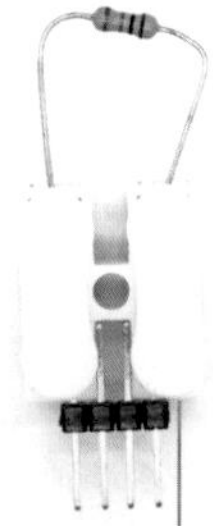

3 將排針的最外側兩支針腳插入接線端子中

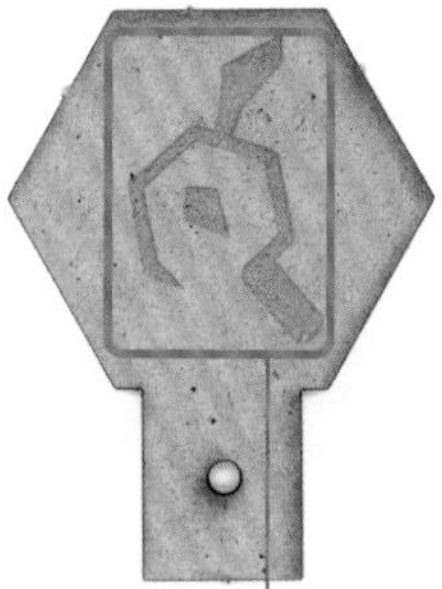

4 找出特斯拉法杖木片

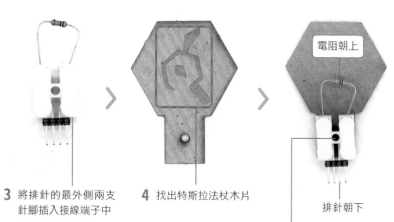

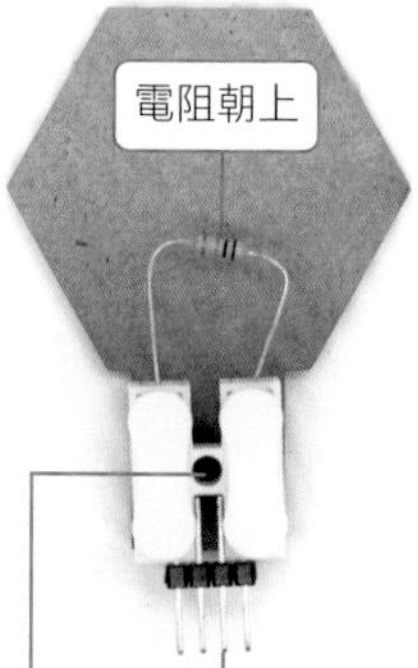

排針朝下

5 將組裝好的接線端子平坦面依此方向放到武器木片的後方

6 鎖上 M3×16 螺絲與螺母

重複 1~3 步驟將 1K 歐姆電阻（標示棕、黑、紅）與排針組裝在接線端子上，鎖到圖靈法杖木片後方

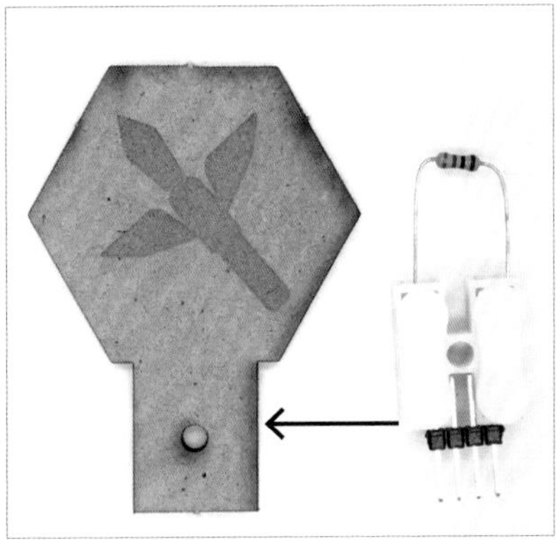

組裝完 1K 歐姆電阻與接線端子後鎖在圖靈法杖木片後方

重複 1~3 步驟將 10K 歐姆電阻（標示棕、黑、橙）與排針組裝在接線端子上，鎖到湯姆法杖木片後方

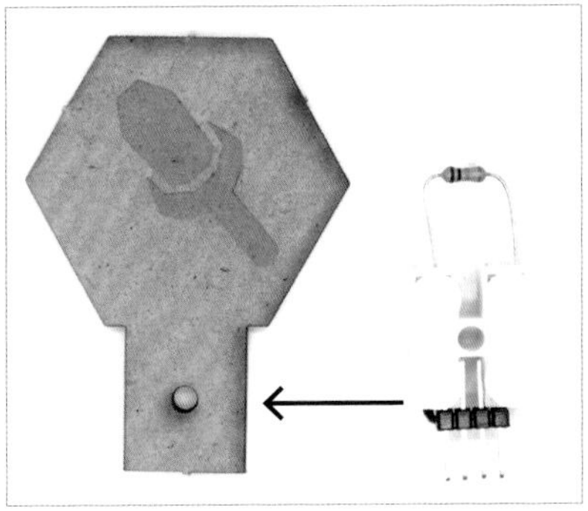

組裝完 10K 歐姆電阻與接線端子後鎖在湯姆法杖木片後方

2 組裝武器座台線路

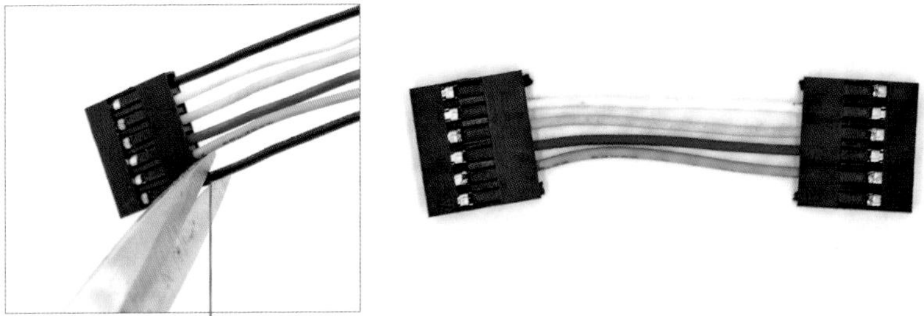

1 剪掉 6pin 排線最外側的 2 條導線

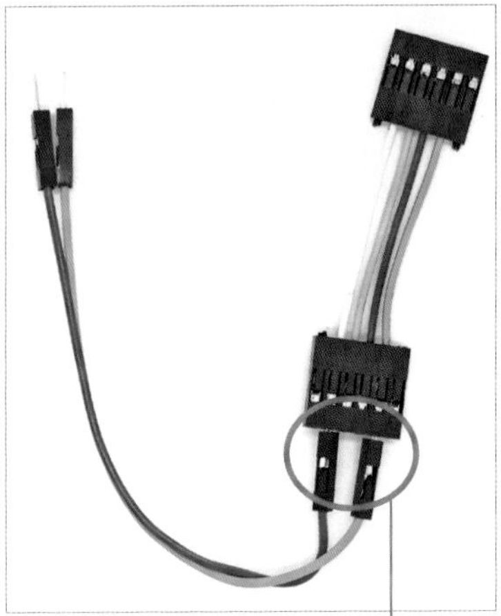

2 將 2 條公公杜邦線分別插入 6 pin 排線左 2 與右 2 的母座中

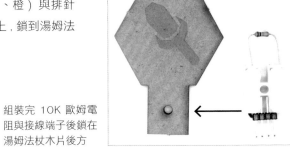

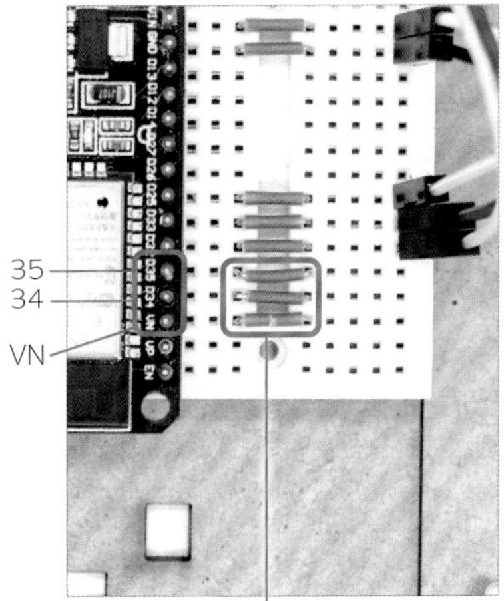

3 將 3 條短跳線插入 35、34、VN 腳位連接麵包板另一側

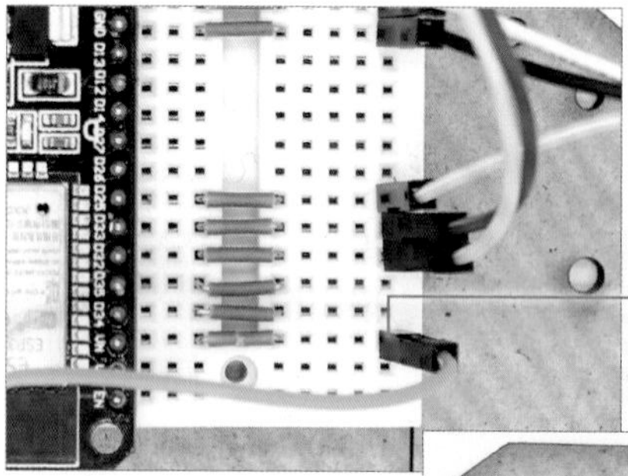

4 將步驟 2 中的任 1 條杜邦線插入 VN 腳位

5 將步驟 2 中的另一條杜邦線插入 3V3 腳位

6 將 1K 歐姆電阻的兩腳（標示棕、黑、紅）插入 VN 腳位與 GND 腳位並將電阻凹折平放在跳線上

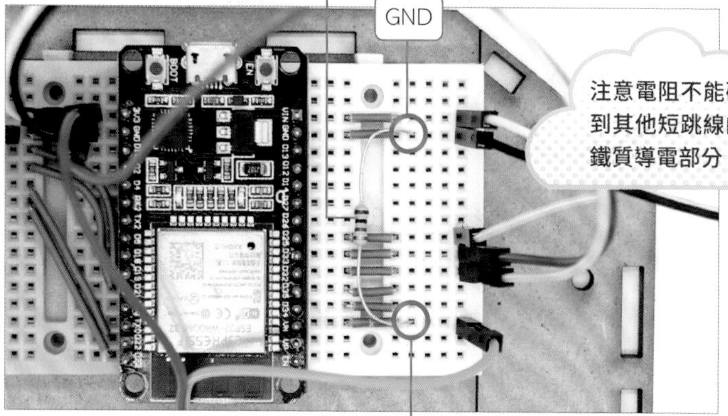

連接頂部與底部木片

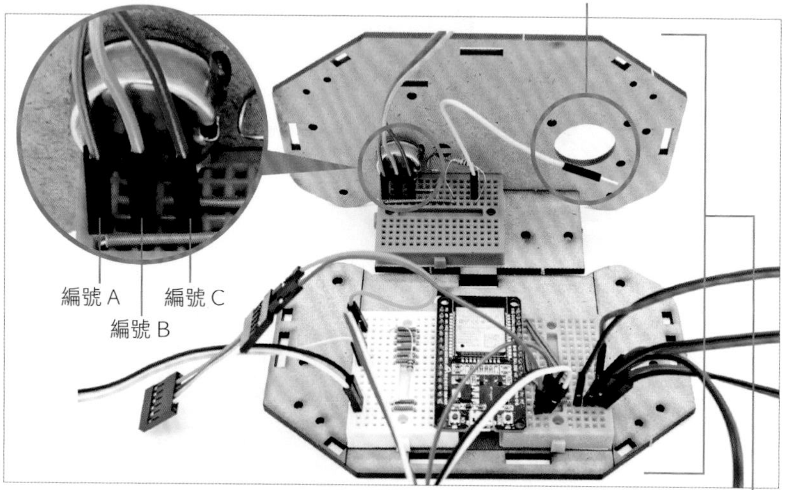

1 將頂部、後方木片與底部木片如圖所示排列在一起

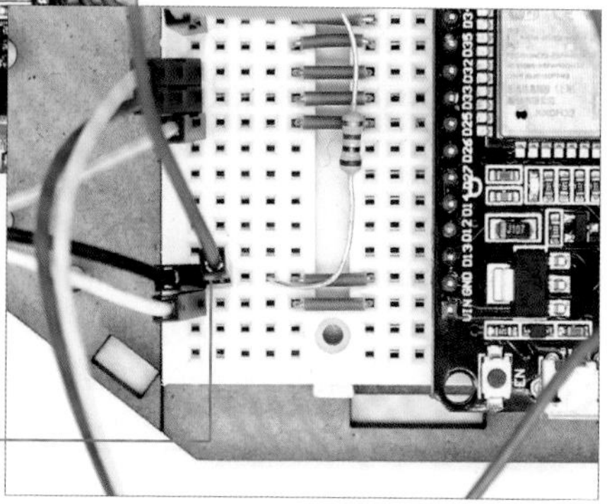

2 將編號 D 的杜邦線另一頭插到 34 號腳位

3 將編號 A 的杜邦線另一頭連接至 GND

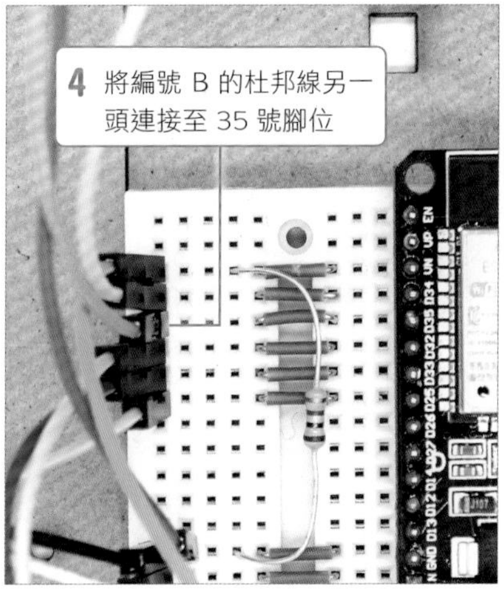

5 將編號 C 的杜邦線另一頭連接至 3V3

下載與安裝驅動程式

為了讓遊戲可以連線 ESP32，以便上傳並執行我們寫的 Python 程式，請先連線 https://reurl.cc/oL9X5V，下載 ESP32 的驅動程式：

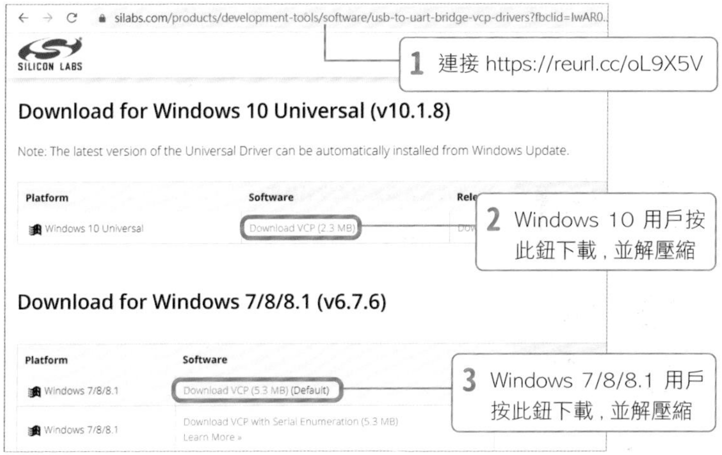

▲ 您使用 Windows XP、MAC 或是 Linux 系統的話，請依照您的系統往下尋找載點

檔案解壓縮後，依照下面步驟即可完成安裝：

2 請選**是**允許安裝

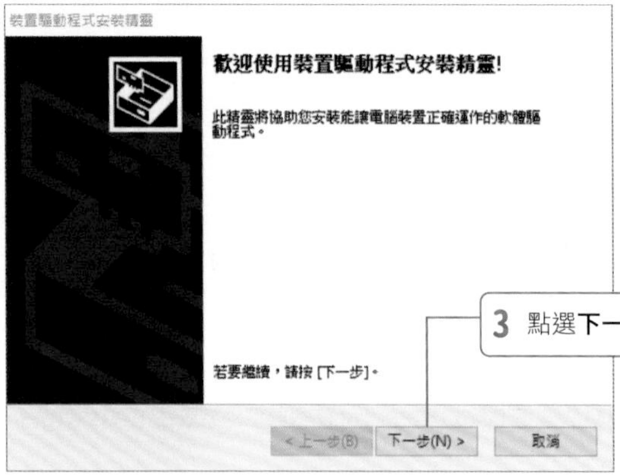

3 點選**下一步**

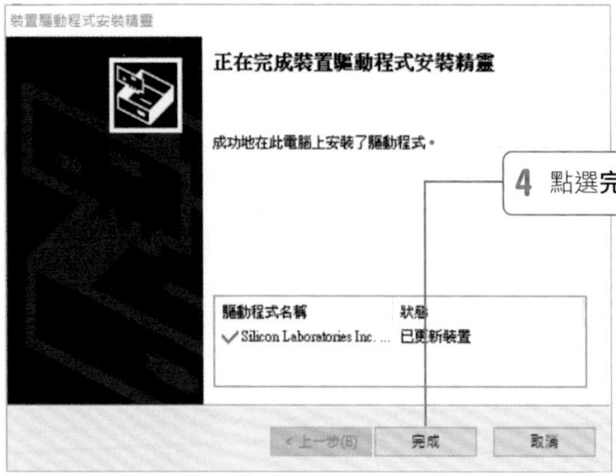

4 點選**完成**

▲ 若無法安裝成功，請參考後面的步驟，先將 ESP32 開發板插上 USB 線連接電腦，然後再重新安裝。

接著使用 USB 線將 ESP32 連接至電腦：

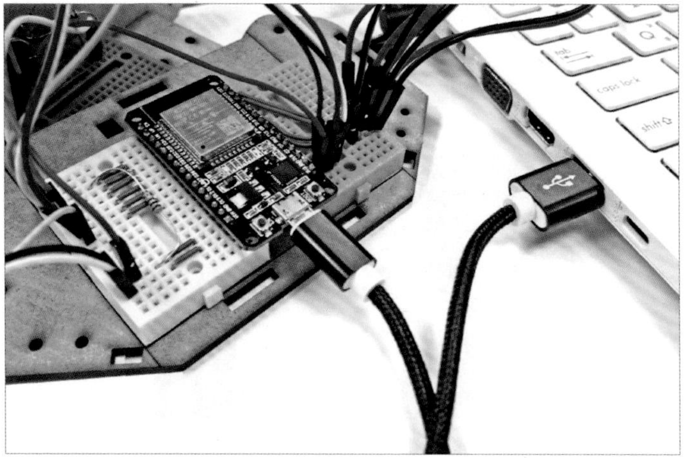

測試電路

請到 https://www.flag.com.tw/download.asp?FM629A 下載本套件的 Python 範例程式檔、Unity 專案檔（包含各章實驗、範例遊戲）、最終遊戲和測試遊戲的安裝檔。

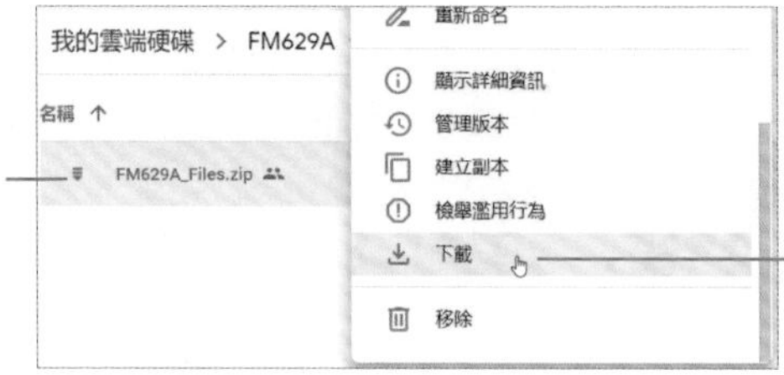

1 在檔案上按滑鼠右鍵

2 按下載

下載完並解壓縮後，到『**FM629_Files/Games/DemoGame/Windows**』執行測試遊戲安裝檔，之後執行測試遊戲。

▲ Mac 使用者請到『**FM629_Files/Games/DemoGame/Mac**』執行測試遊戲

2-3 組裝手把外殼

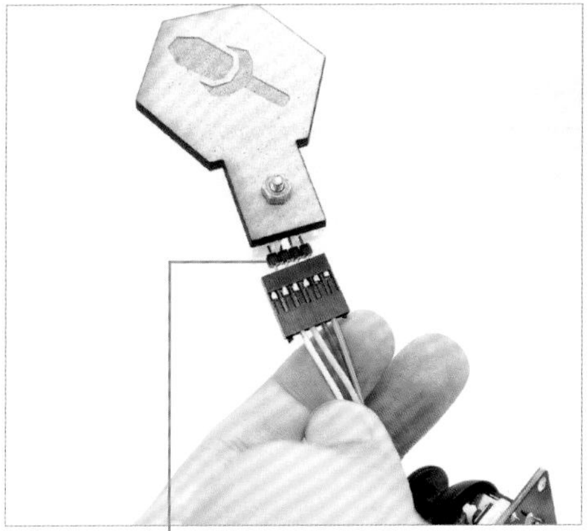

插入時請對準排線中間的 4 個孔洞

此時畫面的右下角會出現一個方形的色塊代表當下插入的法杖種類。接下來請執行以下各項動作，確認對應的各種效果都有正確出現：

插入湯姆 / 圖靈 / 特斯拉法杖木片，畫面右下角顯示紅 / 綠 / 藍色方塊

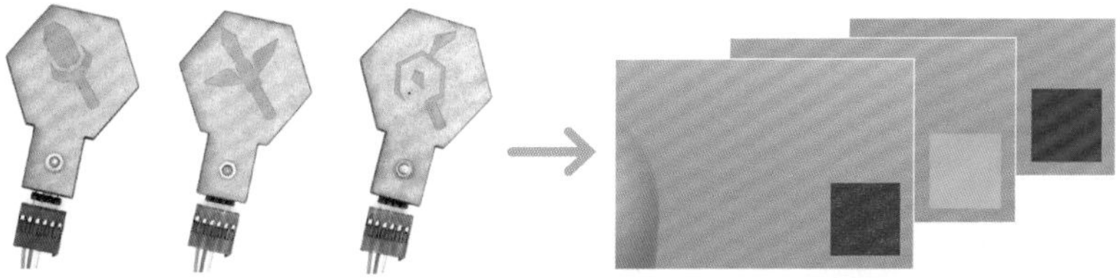

插入任一法杖木片後按壓連接 21/23 號腳位的微動開關，則角色發射子彈

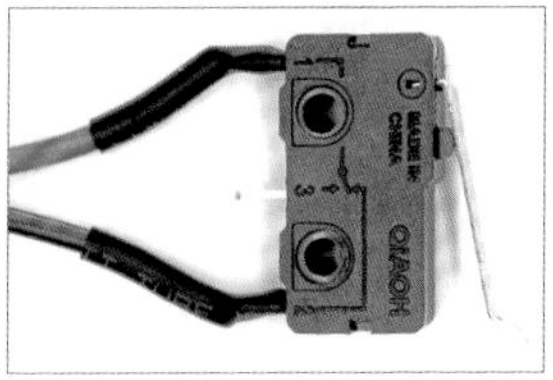

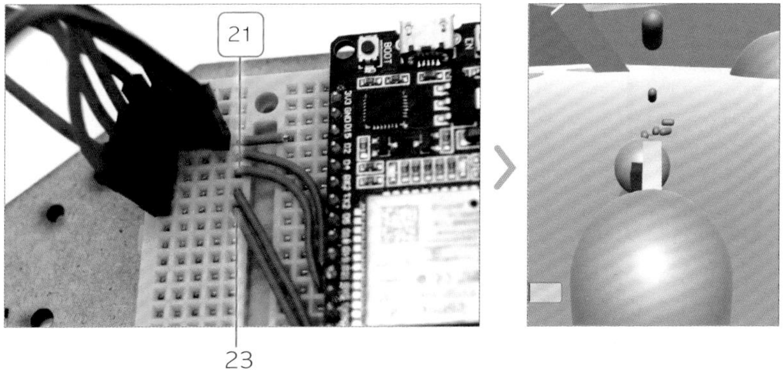

按壓連接 19/22 號腳位的微動開關控制畫面視角向左 / 右轉

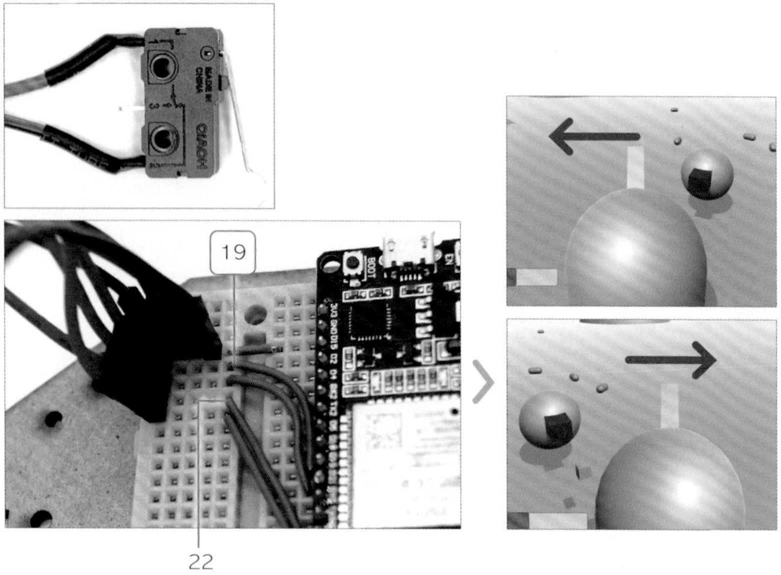

按壓搖桿模組使砲管向上揚起

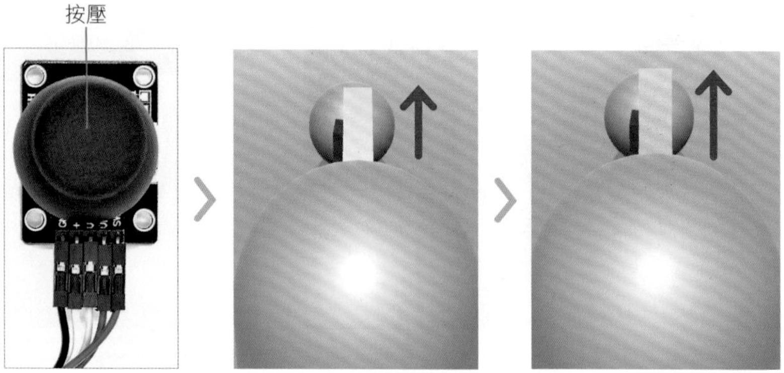

上下左右轉動搖桿模組控制角色前後左右移動

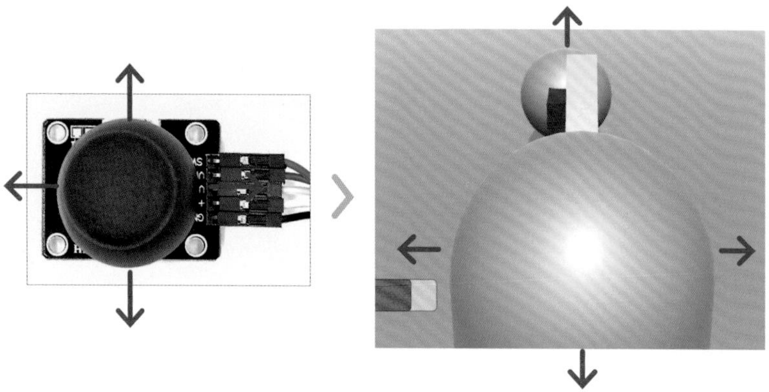

順 / 逆時鐘旋轉可變電阻的旋鈕使角色移動速度變快 / 慢

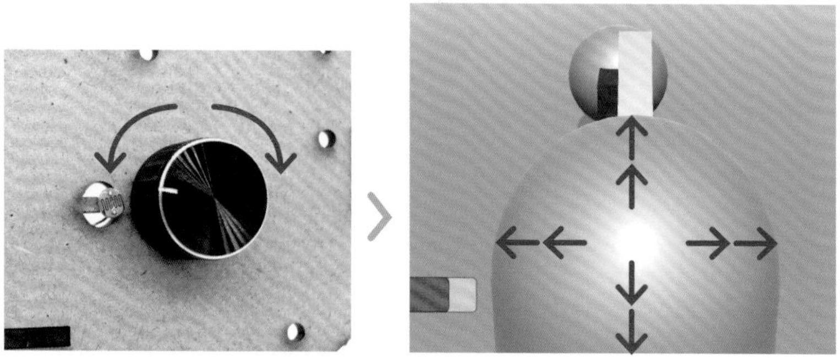

控制遊戲角色撞擊敵人射出的子彈則震動馬達發出震動

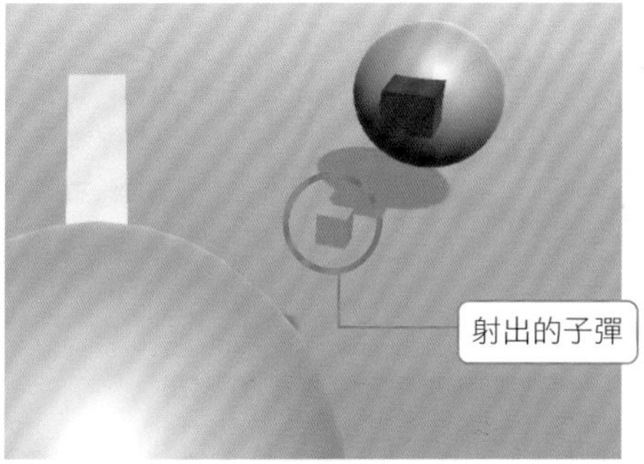

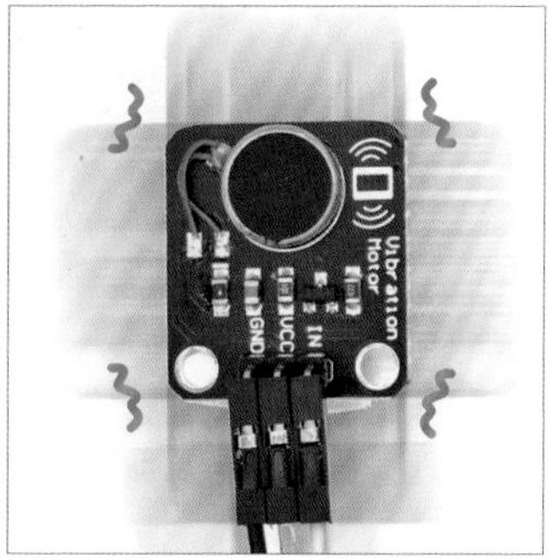

拿手電筒照射旋鈕旁的光敏電阻讓畫面中的環境亮度變亮

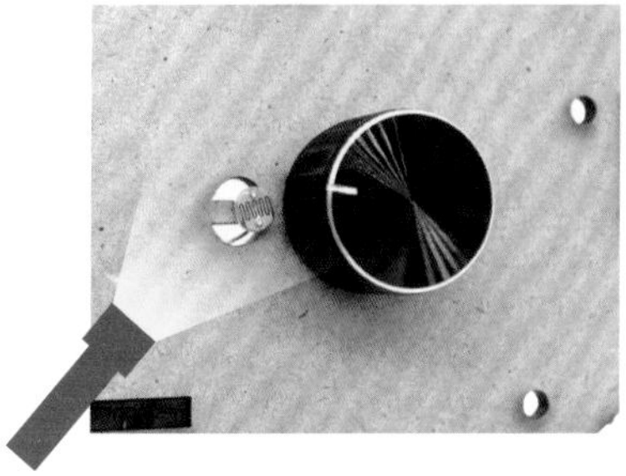

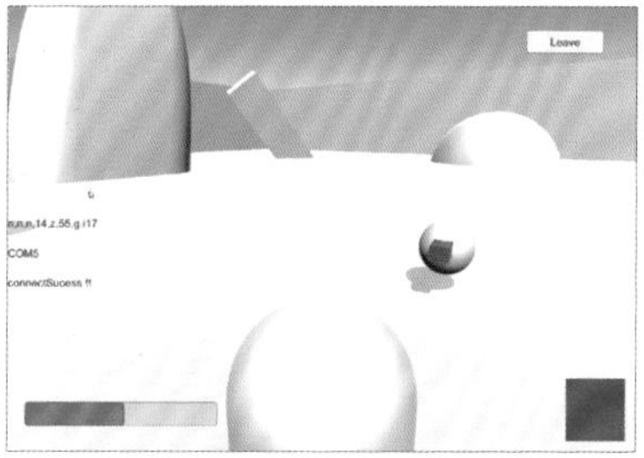

> ⚠ 若測試過程有任何電子元件無作用，請回到前面的步驟確認線路安裝正確，測試無誤後再進行後面的組裝流程！

2-3 組裝手把外殼

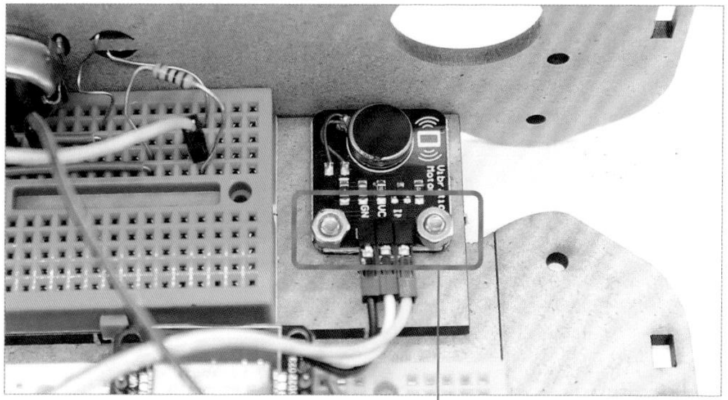

1 使用 2 個 M3*10 螺絲與螺帽將震動馬達鎖在後方木板上

2 將連接到 19 號腳位的微動開關用 M2 螺絲螺母鎖在底部木片的左側

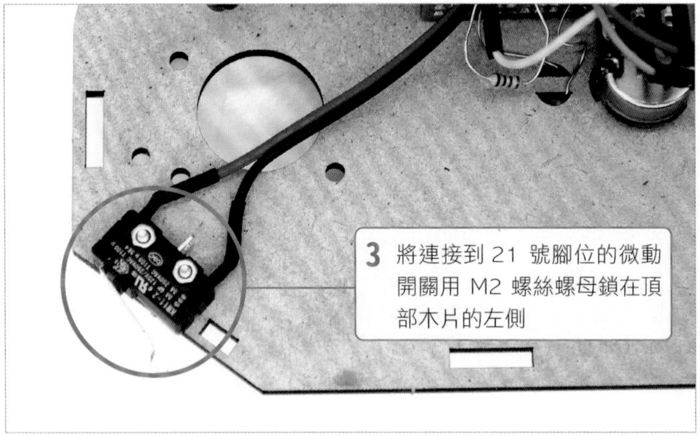

3 將連接到 21 號腳位的微動開關用 M2 螺絲螺母鎖在頂部木片的左側

4 將連接到 22 號腳位的微動開關用 M2 螺絲螺母鎖在底部木片的右側

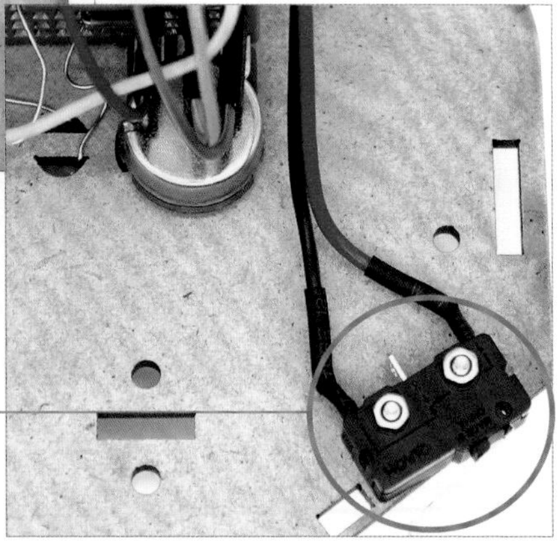

5 將連接到 23 號腳位的微動開關用 M2 螺絲螺母鎖在頂部木片的右側

▲ 連接微動開關時需要注意彎鉤鐵片的方向需與圖中一致

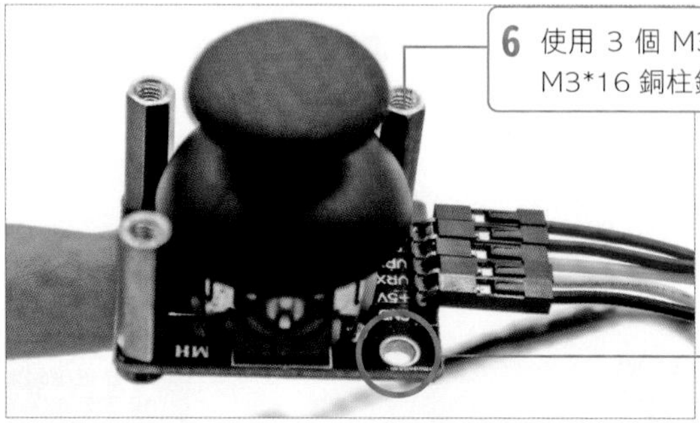

6 使用 3 個 M3*10 螺絲將 3 個 M3*16 銅柱鎖在搖桿模組上

這個孔洞不需鎖上銅柱

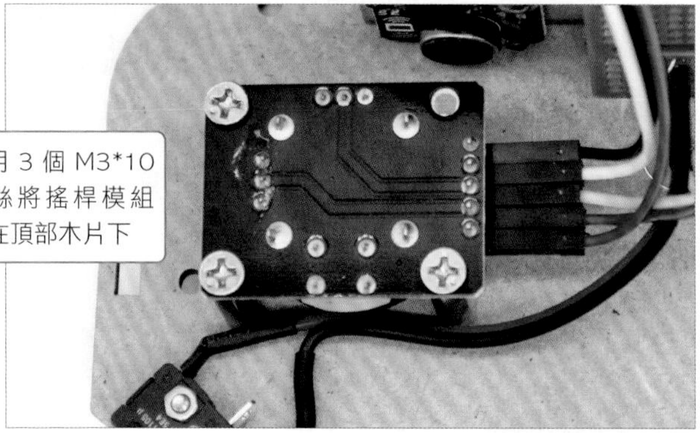

7 使用 3 個 M3*10 螺絲將搖桿模組鎖在頂部木片下

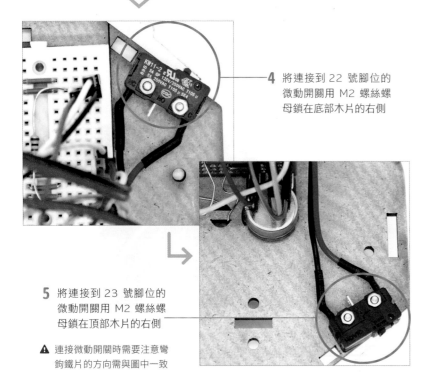

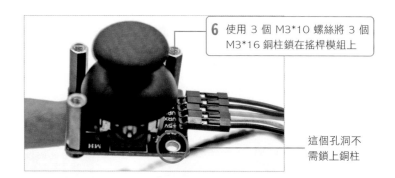

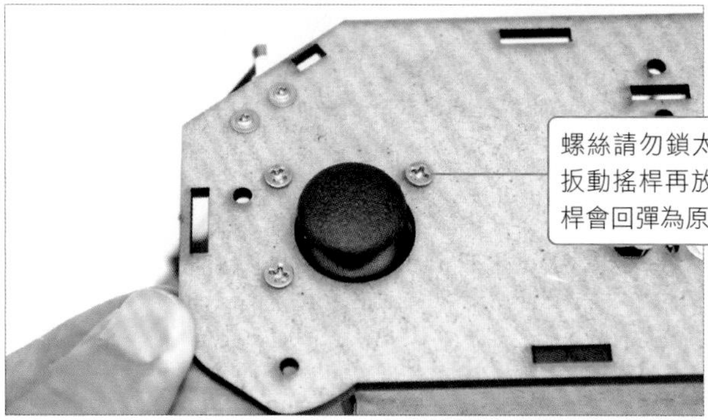

螺絲請勿鎖太緊，以扳動搖桿再放開後搖桿會回彈為原則

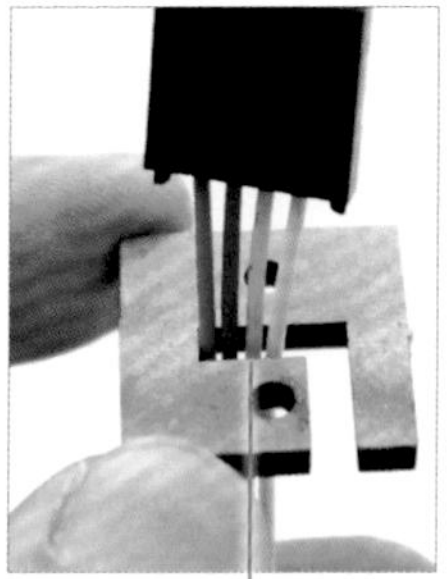

8 先將剪裁好的 6 pin 排線如圖所示繞過 1 個 G 型木片

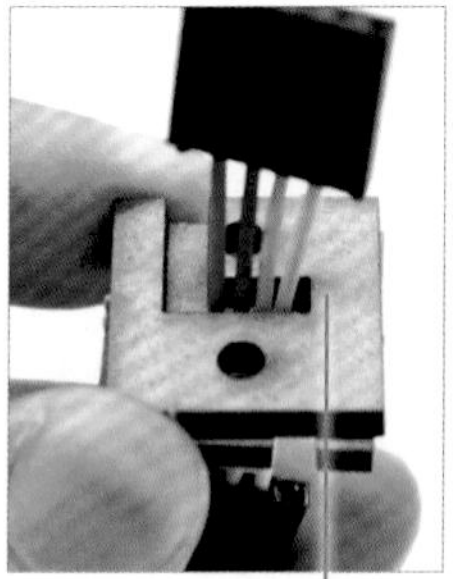

9 再將另 1 個 G 型木片嵌入排線後重疊在上一個 G 型木片上方

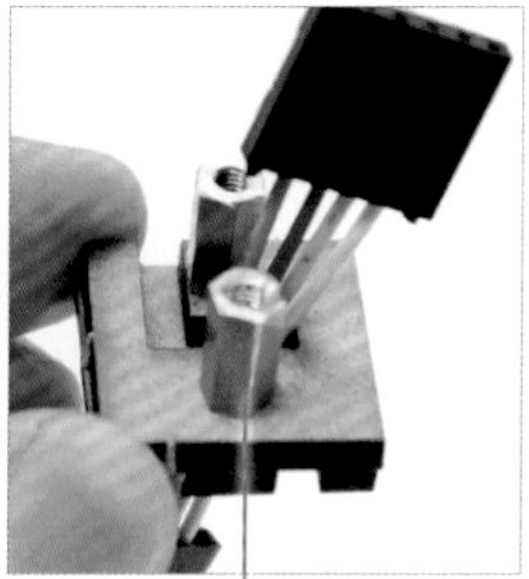

10 使用 2 個 M3*10 銅柱與 2 個 M3*10 螺絲固定住 G 型木片與銅柱

11 使用 2 個 M3*10 螺絲將 I 型木片稍微固定在頂部木片

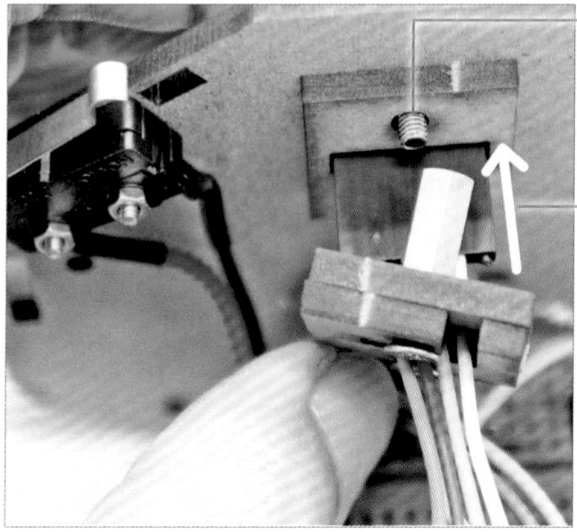

13 將 2 個銅柱對準 2 個螺絲後鎖上（不用鎖太緊，只需稍為固定即可）

12 將 6 pin 排線插入 I 型木片

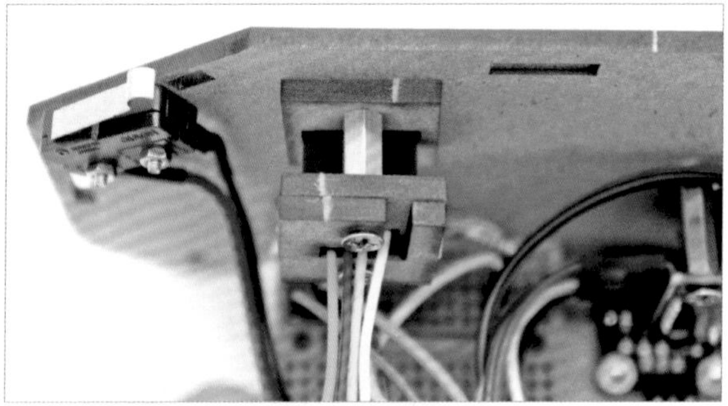

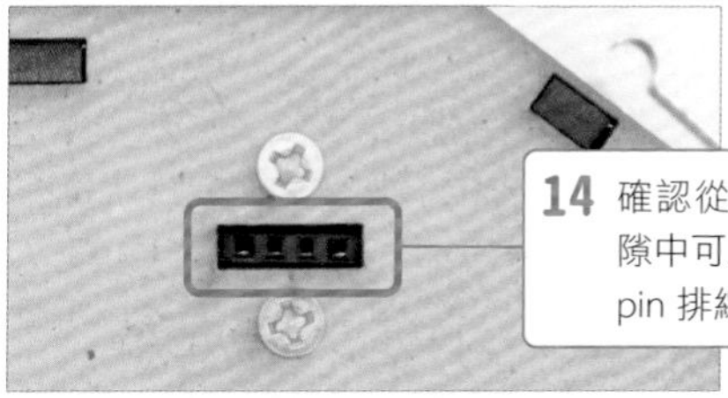

14 確認從頂部木片的縫隙中可以看到 4 個 6 pin 排線的孔洞

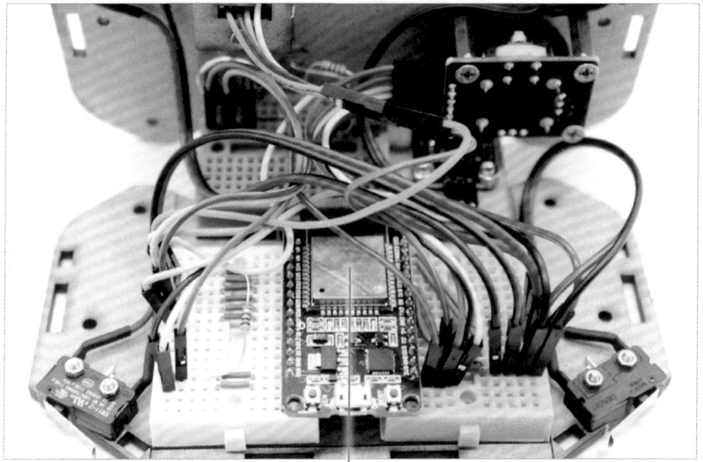

15 將大部分的線路都往後方木片稍微整理、擠壓

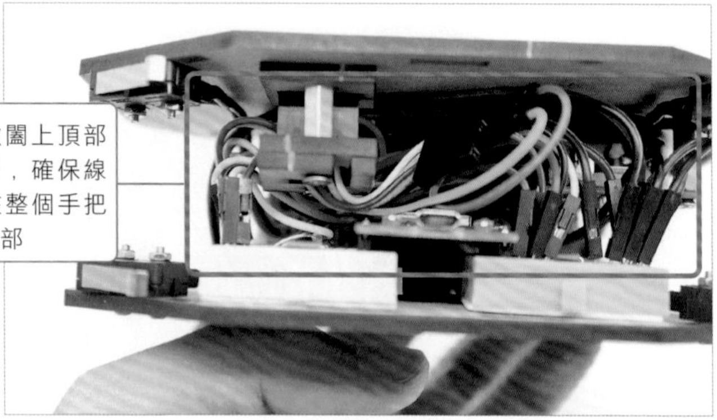

16 稍微闔上頂部木片，確保線路在整個手把的內部

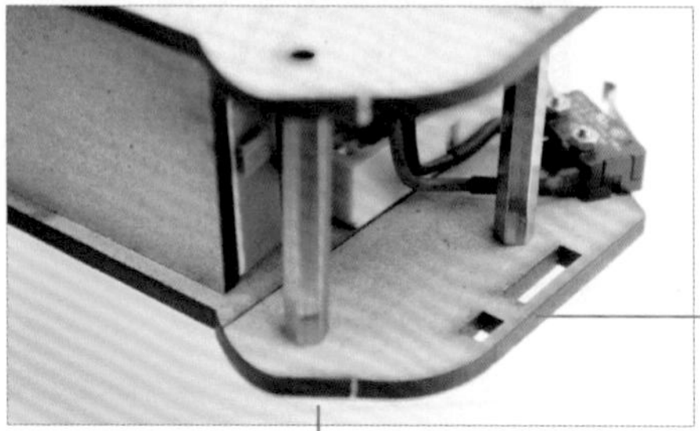

17 用 4 個 M3*10 螺絲把 4 個 M3*35 銅柱由底部木片鎖上固定住

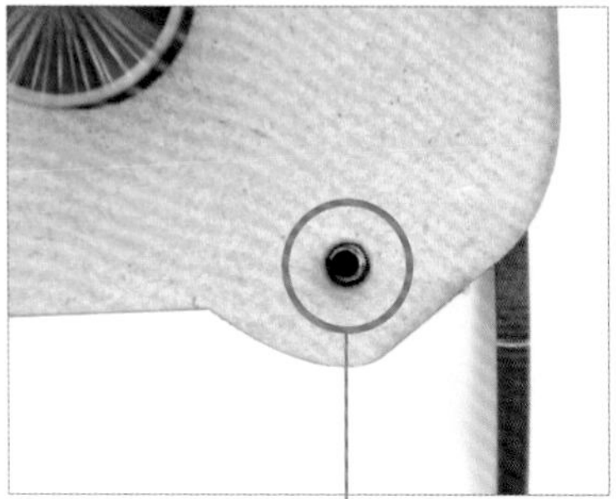

18 將頂部木片的孔洞對準 4 個銅柱並確認沒有線路被銅柱與頂部木片擠壓到

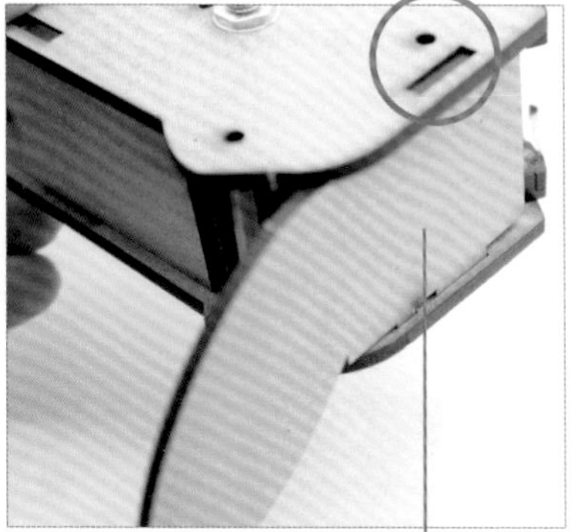

確認卡入插槽

19 稍微抬起頂部木片後卡入握把木片

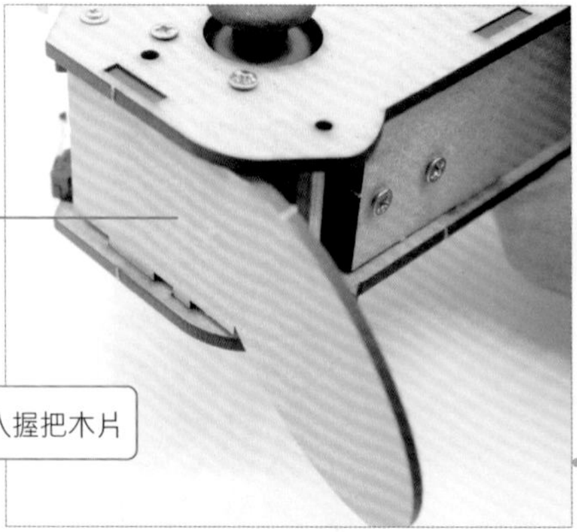

20 卡入握把木片

21 卡入斜前方木片

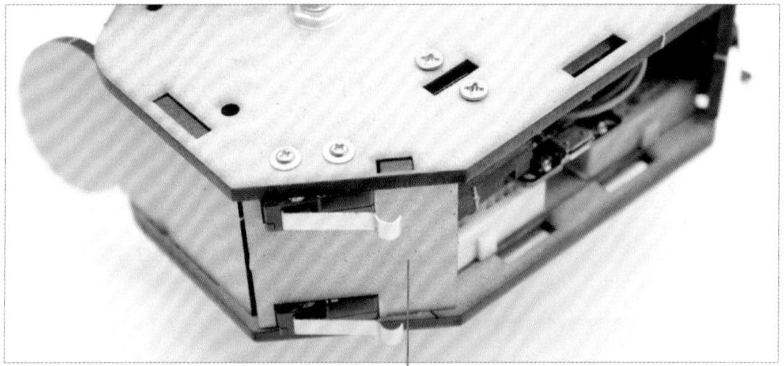

22 卡入斜前方木片

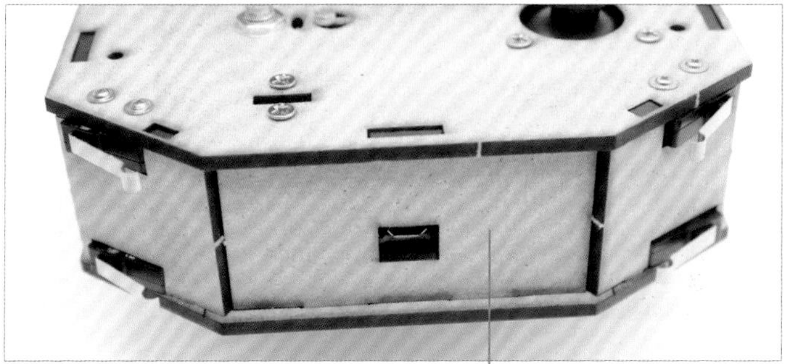

23 卡入前方木片

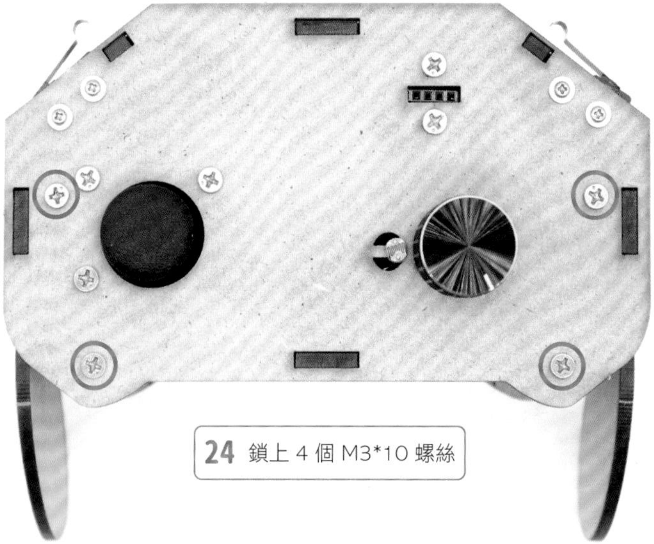

24 鎖上 4 個 M3*10 螺絲

再次打開測試遊戲，確認功能都正常。

CHAPTER 03

Unity 安裝與介紹

前一章已經將遊戲手把組裝好並體驗完『測試遊戲』，現在就準備來自己製作遊戲囉！這一章會先帶你安裝 Unity，並簡單認識一下 Unity 的介面和操作，讓後面實驗時可以更加順利。

3-1 安裝 Unity

Unity Hub 下載

至 Unity 官方網站 https://store.unity.com/#plans-individual 下載免費的 Personal 版本：

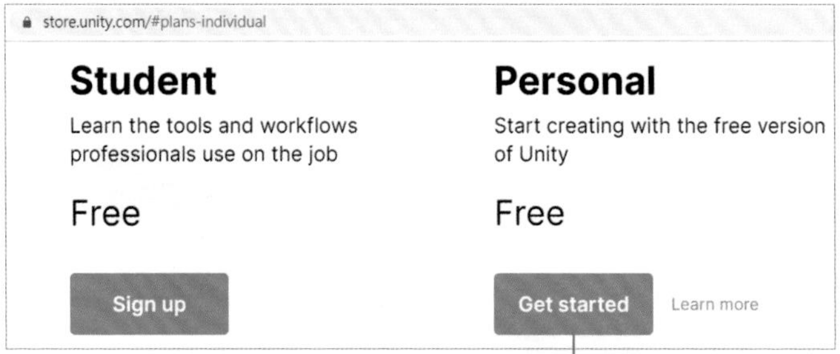

store.unity.com/#plans-individual
Student
Learn the tools and workflows professionals use on the job
Free
Sign up
Personal
Start creating with the free version of Unity
Free
Get started
Learn more

1 點擊 **Get started**

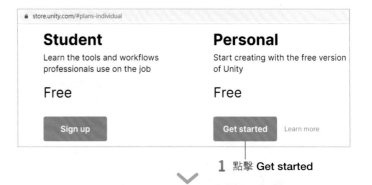

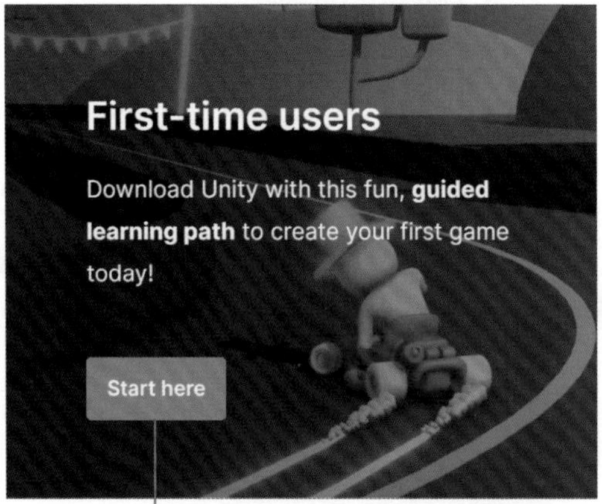

First-time users
Download Unity with this fun, guided learning path to create your first game today!
Start here

2 在 **First-time users** 方塊中點擊 **Start here**

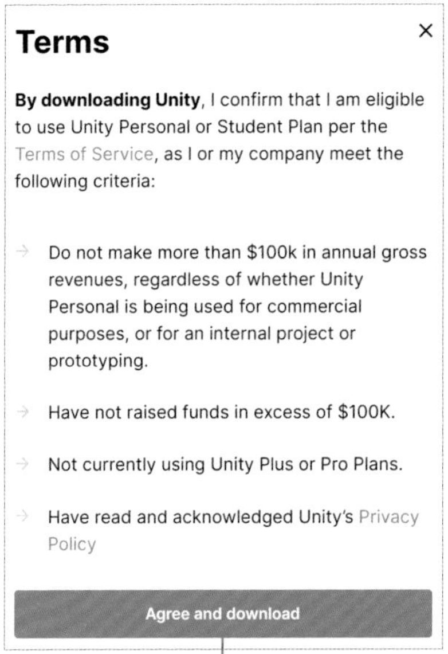
Terms
By downloading Unity, I confirm that I am eligible to use Unity Personal or Student Plan per the Terms of Service, as I or my company meet the following criteria:
Do not make more than $100k in annual gross revenues, regardless of whether Unity Personal is being used for commercial purposes, or for an internal project or prototyping.
Have not raised funds in excess of $100K.
Not currently using Unity Plus or Pro Plans.
Have read and acknowledged Unity's Privacy Policy
Agree and download

3 點擊 **Agree and download**

安裝 Unity Hub

下載完畢後，雙擊安裝檔 **UnityHubSetUp**，若出現以下畫面，請點擊**是**：

使用者帳戶控制
您是否要允許此 App 變更您的裝置?
Unity Hub
已驗證的發行者: Unity Technologies SF
檔案來源: 此電腦上的硬碟
顯示更多詳細資料
是
否

1 點擊**是**

Unity Hub 安裝
授權協議
在安裝 Unity Hub 之前，請檢閱授權條款。
檢閱協議的其餘部分，按 [PgDn] 往下捲動頁面。
Unity Terms of Service
Last updated: May 24, 2018
Unity Technologies ApS ("Unity", "our" or "we") provides game-development and related software (the "Software"), development-related services (like Unity Teams ("Developer Services")), and various Unity communities (like Unity Answers and Unity Connect ("Communities")), provided through or in
如果接受協議的條款，按 [我同意(A)] 繼續安裝。必須要接受協議才能安裝 Unity Hub。
Unity Hub 2.3.2
我同意(A)
取消

2 點擊**我同意**

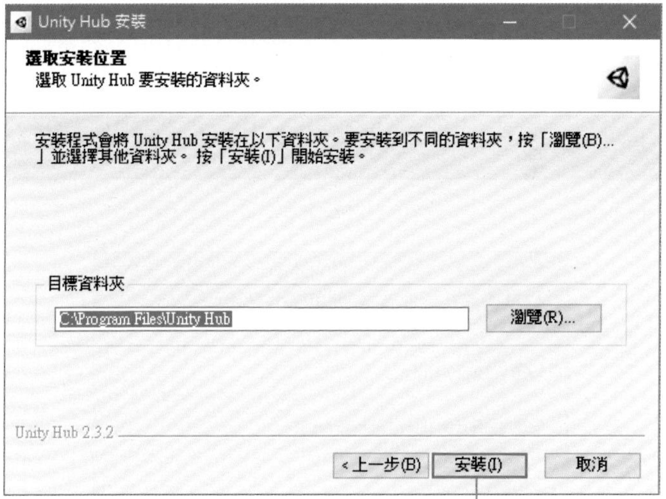
Unity Hub 安裝
選取安裝位置
選取 Unity Hub 要安裝的資料夾。
安裝程式會將 Unity Hub 安裝在以下資料夾。要安裝到不同的資料夾，按「瀏覽(B)...」並選擇其他資料夾。按「安裝(I)」開始安裝。
目標資料夾
C:\Program Files\Unity Hub
瀏覽(R)...
Unity Hub 2.3.2
< 上一步(B)
安裝(I)
取消

3 點擊**安裝**

4 點擊**完成**

5 點擊**安裝**

6 點擊**是**

創建 Unity ID

創建 Unity ID 的方式不只一種，這裡選擇 **Google 帳戶**：

⚠ **Unity ID** 是 Unity 的用戶帳號。

1 點擊 **Google 圖示**

⚠ 您也可以選用偏好的註冊方式。

2 輸入**帳號**、**密碼**

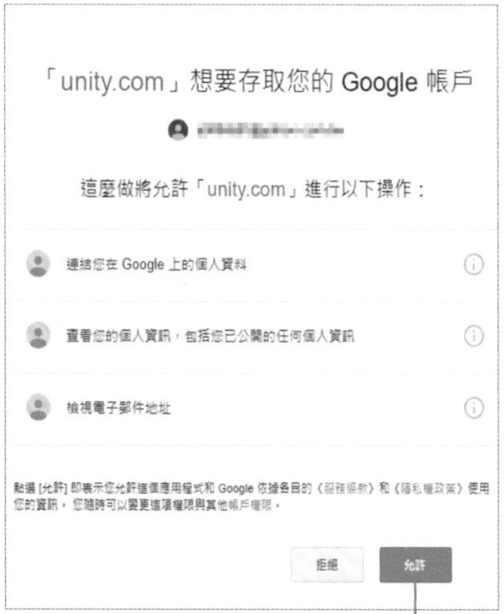

3 點擊**登入**

4 點擊**允許**

選擇遊戲模板

1 建立完 Unity ID 後，就可以利用 Unity 來製作遊戲囉！第一次使用 Unity 會需要選擇模板，我們選擇 **3D 空專案**：

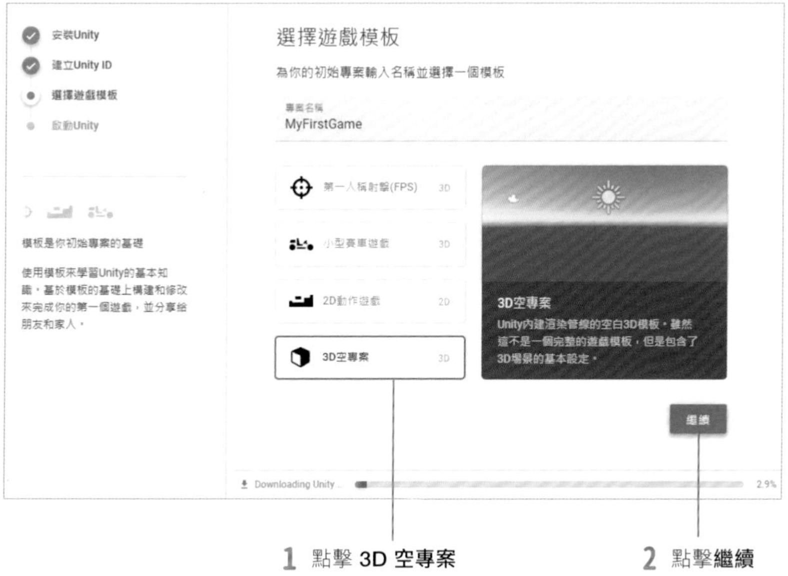

2 接下來 Unity 就會開始下載及安裝，此過程需要等待一段時間，等到 Unity 安裝完成後，即可看到以下畫面：

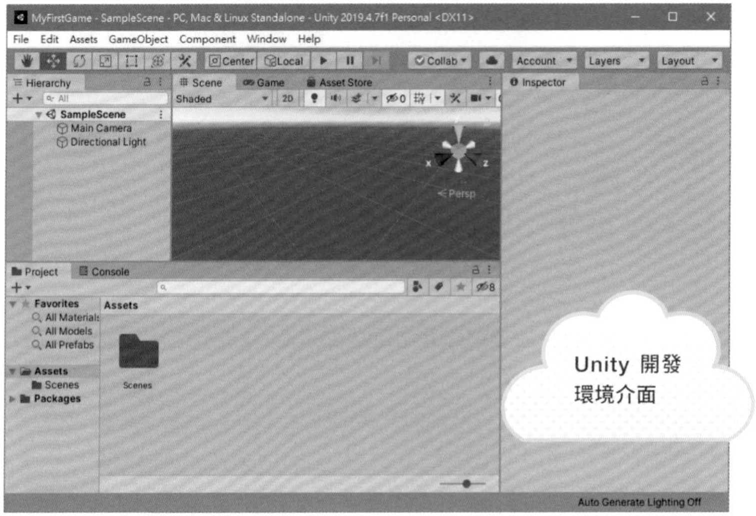

看到此畫面就代表我們可以開始建立遊戲囉！

⚠ Unity 實際操作畫面為英文版！

3-2 認識 Unity 介面

Unity 的操作介面如下圖，主要分為 **Scene 場景窗格 /Game 遊戲窗格**、**Hierarchy 階層窗格**、**Project 專案窗格**和 **Inspector 屬性窗格**這 4 大類：

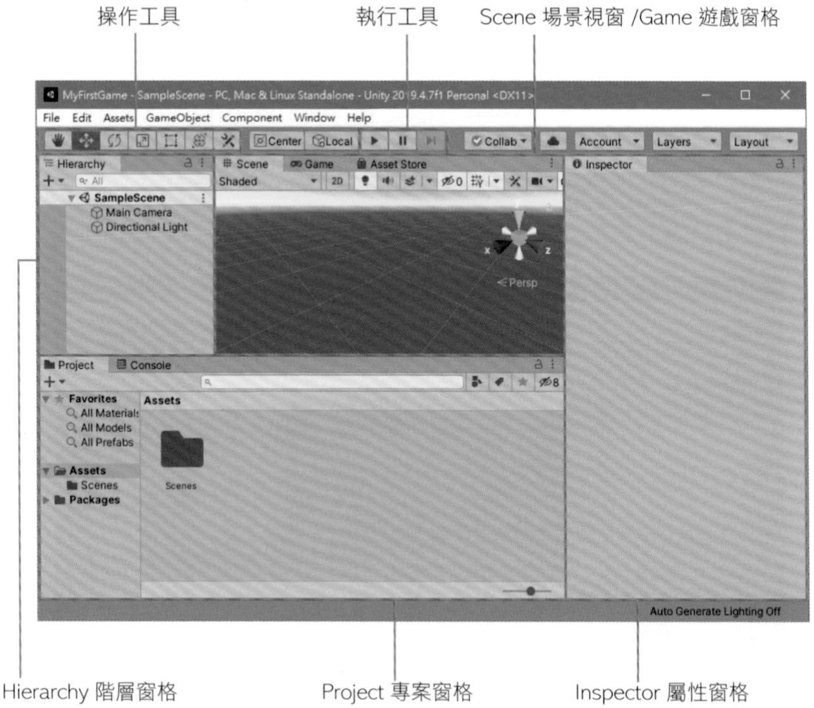

窗格介紹

- **Scene 場景窗格**：製作遊戲的主要窗格。使用素材來構成遊戲場景和物件。
- **Game 遊戲窗格**：遊戲進行中的實際畫面顯示在此窗格。
- **Hierarchy 階層窗格**：將場景中的物件顯示於此。可查看物件與物件間的結構和彼此間的層級關係。
- **Project 專案窗格**：管理遊戲的素材。可直接使用拖曳的方式將素材拖入。
- **Inspector 屬性窗格**：顯示每個素材或物件的屬性。包括位置、大小和材質⋯等。
- **操作工具**：設定 Scene 窗格中物體的旋轉、縮放和移動。
- **執行工具**：執行、暫停遊戲，也可以逐影格執行。

各窗格之間的關係

在製作遊戲前，需要先將準備好的遊戲素材 (Asset) 放到專案窗格 (Project) 中的 Assets 資料夾裡，在製作遊戲時可以方便地將遊戲素材從 Assets 資料夾中拖曳到遊戲場景 (Scene) 或階層窗格 (Hierarchy) 中成為遊戲物件 (Object)，在階層窗格中點選該遊戲物件就可以在屬性窗格 (Inspector) 中查看該物件的位置、材質、程式碼腳本等屬性。

3-3 安裝 Visual Studio

本書在後續的內容會需要撰寫程式來控制遊戲裡的物件，而撰寫程式的軟體稱作**整合開發環境 (IDE, Integrated Development Environment)**。Visual Studio 是微軟開發的 IDE，也是 Unity 預設的程式編輯器，現在就先來安裝它吧。

下載 Visual Studio

1 連接至網站 **https://visualstudio.microsoft.com/zh-hant/downloads/**：

1 點擊**免費下載**

2 下載完後，雙擊『安裝檔』，如出現警告窗格則點選**是**：

2 點擊**是**

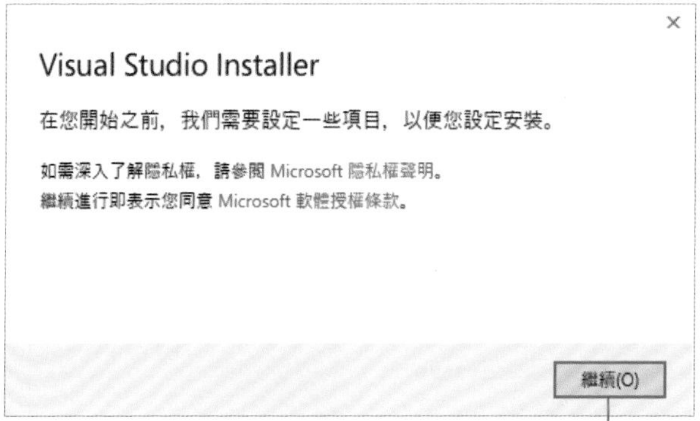

3 選擇**繼續**

3 除了下載 **Visual Studio** 外，還可以下載其他軟體搭配 Visual Studio 一起使用，這裡我們選擇**使用 Unity 進行遊戲開發**：

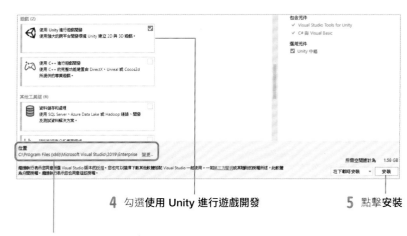

4 勾選**使用 Unity 進行遊戲開發**

5 點擊**安裝**

Visual Studio 的安裝位置請先記錄起來，稍後可能會使用到

4 安裝完畢後，會需要登入**微軟帳號**：

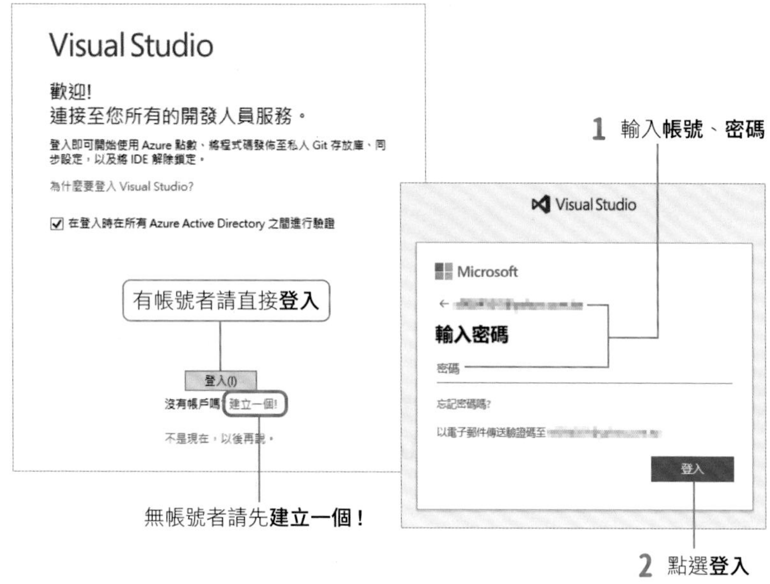

5 登入完畢後即可關掉：

6 將 Visual Studio 設定為 Unity 的外部編輯器：

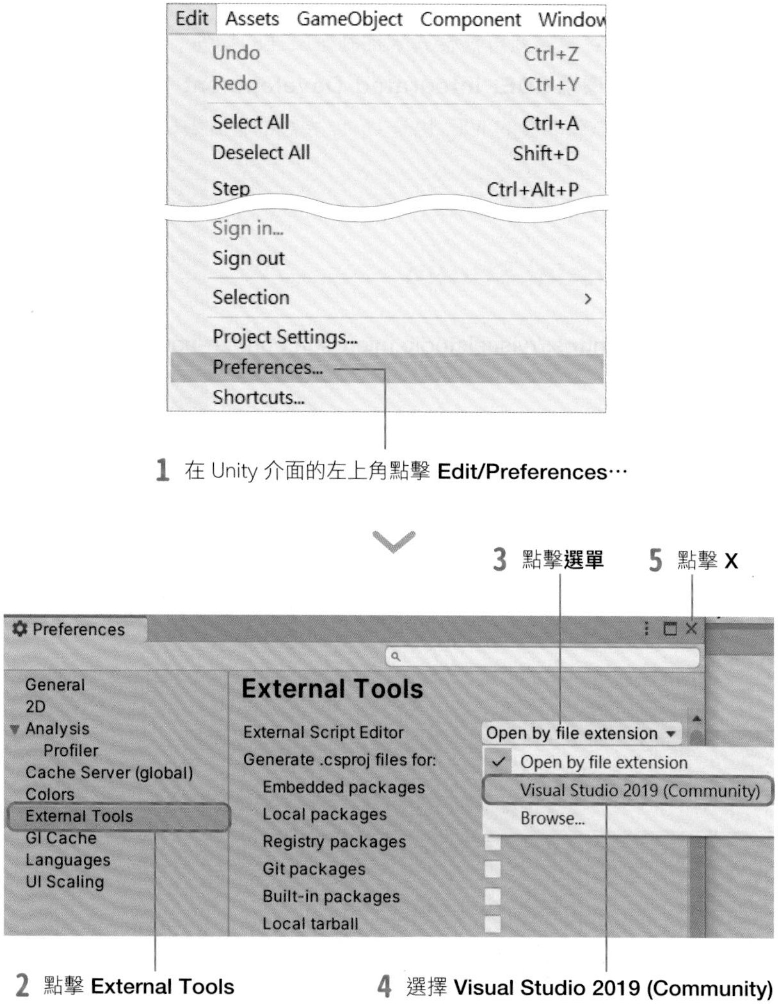

軟體補給站 手動設定 Visual Studio

如果選單中沒有 **Visual Studio 2019 (Community)**，請點擊選單中的 **Browse…**，選擇 Visual Studio 的安裝位置 (步驟 3 記錄的安裝位置)，當中資料夾 **Common7/IDE** 的 **devenv** 即可：

3-4 安裝 Unity 特定版本

Unity 的版本會持續更新，而一些舊版本的元素會無法在新版本運作。本書的內容需要下載版本 **Unity 2019.4.1f1**：

1 到 **https://unity3d.com/unity/whats-new/2019.4.1** 下載 Unity 2019.4.1：

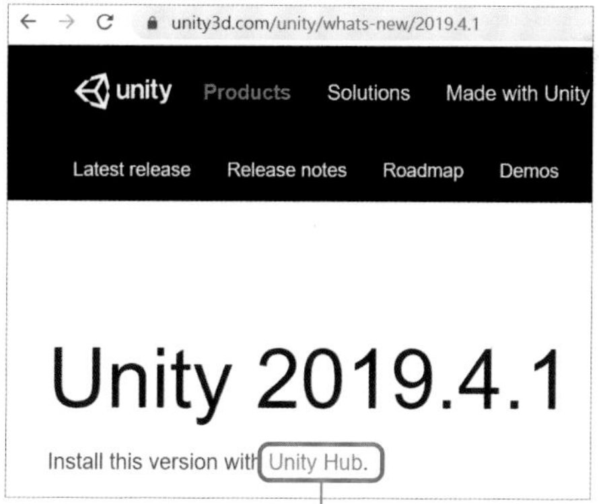

1 按 **Unity Hub**

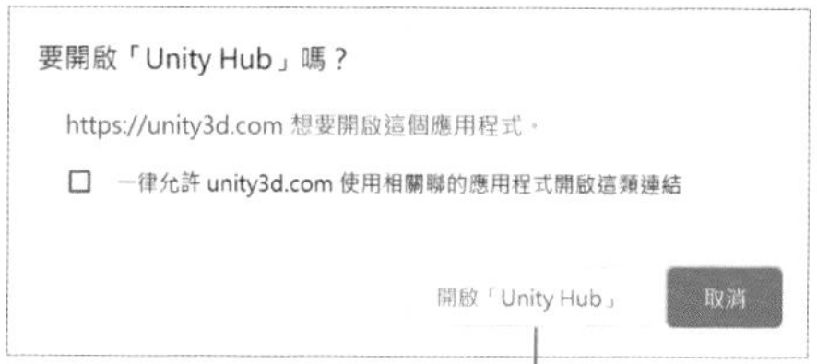

2 按**開啟「Unity Hub」**

3 如果有勾選，**取消勾選**。因為前面已經安裝過 Visual Studio，不用再次安裝

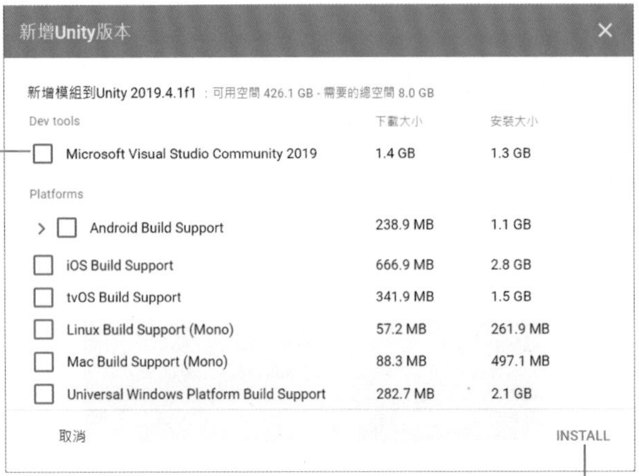

4 按 **INSTALL**

2 等待下載並安裝完即可：

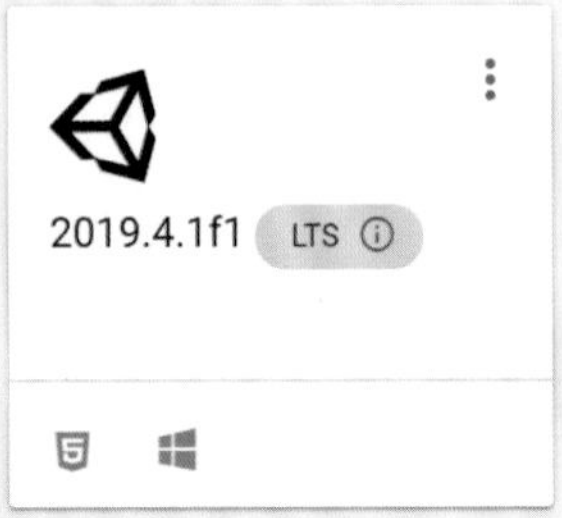

MEMO

CHAPTER

04

物件移動、匯入角色

Unity 遊戲是由眾多的物件所構成，人物、場地…等都是常使用到的物件。現在我們會將在是上一章開啟的 3D 空專案中放入各種物件，讓遊戲世界更加豐富。

4-1 設定布局

在匯入新物件前，先來設定一下 Unity 視窗內各窗格的擺放位置，稱為**布局**。Unity 的布局並沒有硬性規定，讀者可以根據自己的喜好調整，如果擔心與書中的畫面不同，可以設定成 **Tall 布局**：

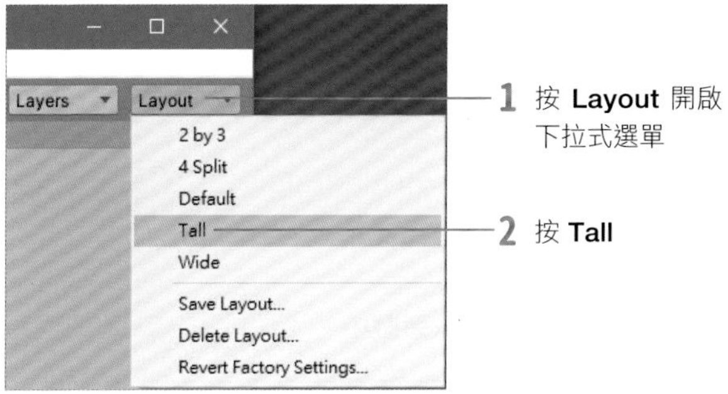

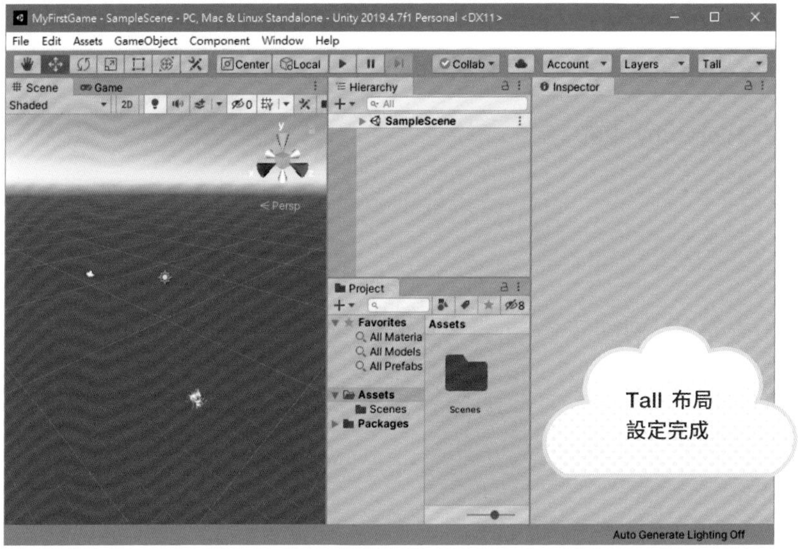

4-2 建立物件

Unity 有很多內建素材，包括**立方體**、**球體**和**地形**⋯等元素，這裡我們先嘗試將『立方體』加入到遊戲中。

Lab01 新增元件

實驗目的 在遊戲中新增物件。

設計原理

將 Unity 內建的立方體加入遊戲中。

Unity 操作

立方體

在 **Hierarchy 視窗**新建立方體：

1 按 **+**

2 按 **3D Object**

3 按 **Cube**

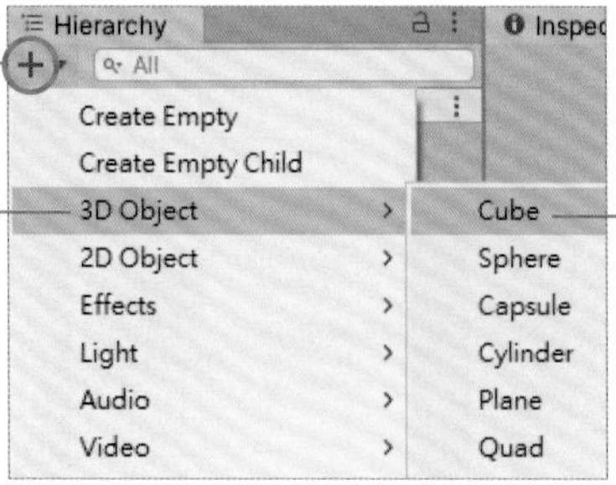

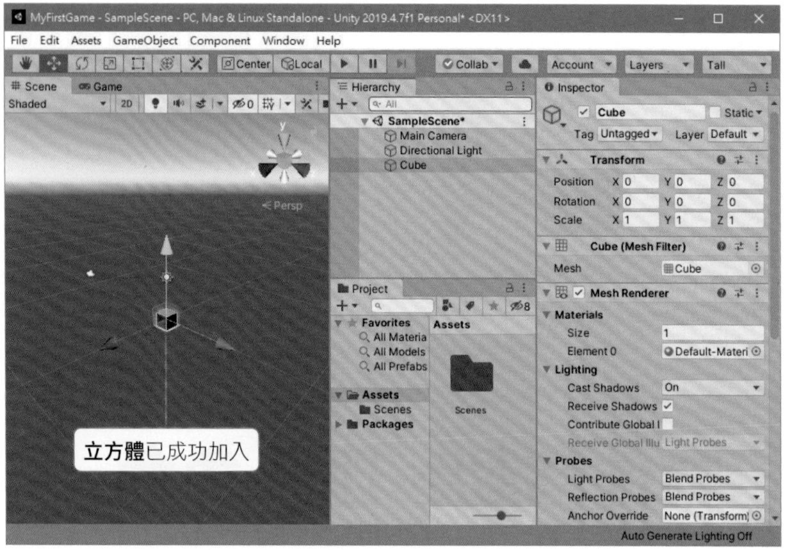

這時可以按 **Game** 預覽遊戲執行時的畫面：

1 按 **Game**

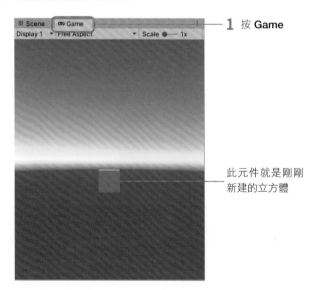

此元件就是剛剛新建的立方體

但是現在只能看到立方體的一面，如果要看到其他面，就必須調整**攝影機**的位置與角度。

攝影機

攝影機指的是 **Hierarchy 視窗中的『Main Camera』**，它照到的畫面就是 Game 視窗的畫面：

1 按 **Scene** 回到 Scene 視窗　　2 按 **Main Camera**

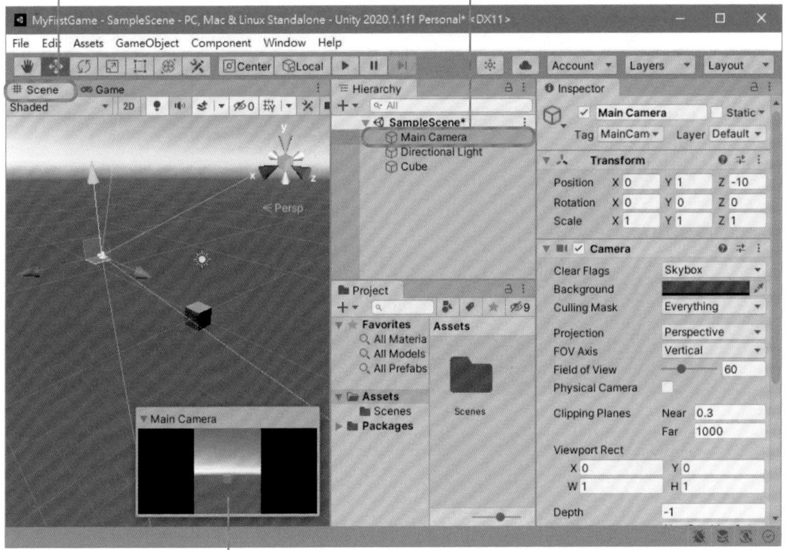

此視窗為攝影機看到的畫面

只要按任意的元件，它的屬性就會顯示在 **Inspector 屬性視窗**，所以按『Main Camera』後，就可以看到攝影機的**屬性**，而其中的『Position』和『Rotation』就是指攝影機的**位置**和**角度**。

調整一下攝影機的**位置**與**角度**，就可以改變遊戲中的視角：

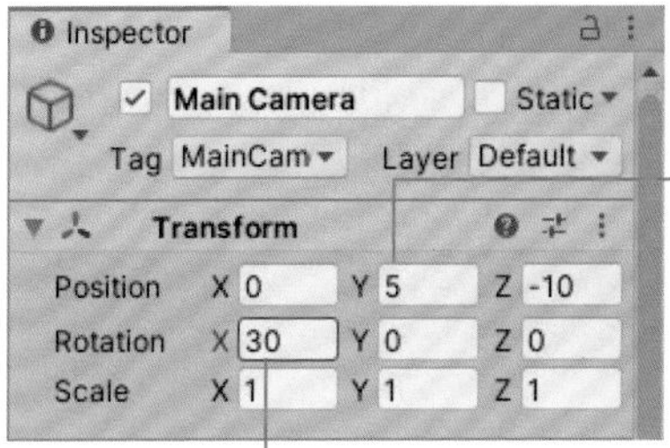

更改為 **5** 讓攝影機沿 y 軸往上移動

更改為 **30** 讓攝影機沿 x 軸為軸心順時鐘轉 30 °

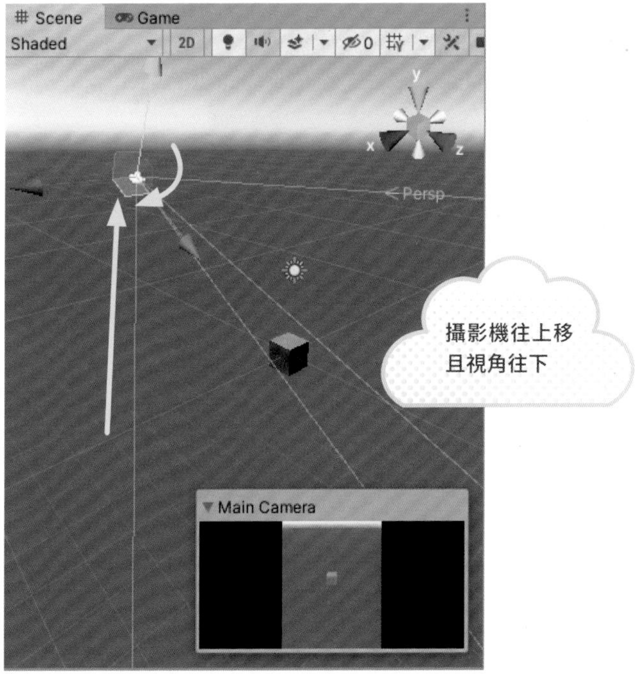

更改位置與角度後，執行遊戲：

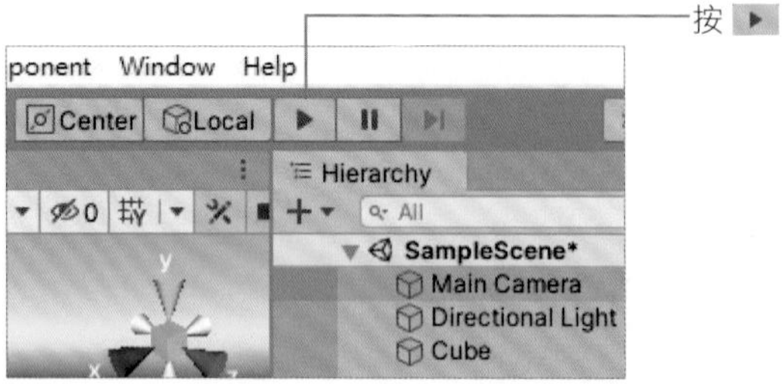

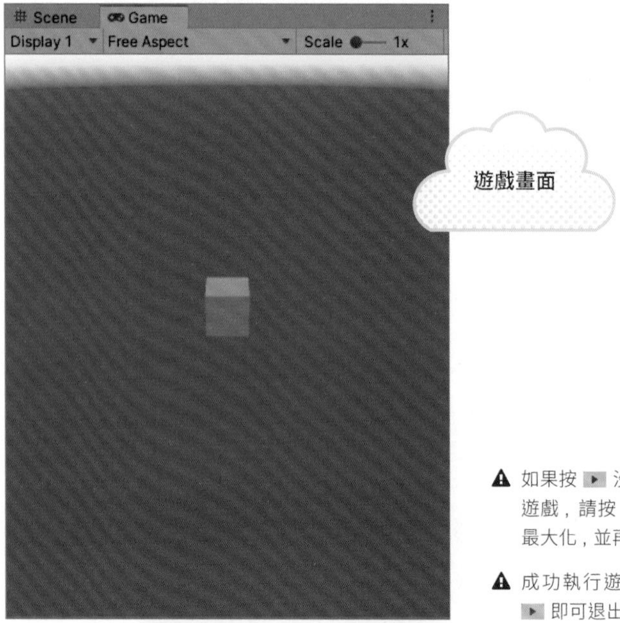

⚠ 如果按 ▶ 沒有成功執行遊戲，請按 ☐ 讓 Unity 最大化，並再次按 ▶。

⚠ 成功執行遊戲後再次按 ▶ 即可退出遊戲。

4-3 Unity 視角調整

在製作 3D 遊戲的過程中，常常會需要移動視角來查看物體的位置。現在就來學習如何『平移視角』、『旋轉視角』和『縮放視角』:

平移視角

在『Scene 窗格』按住**滑鼠滾輪**後移動滑鼠即可**平移**視角：

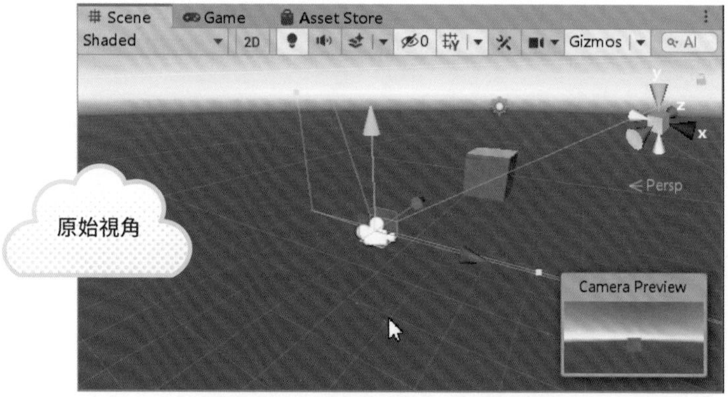

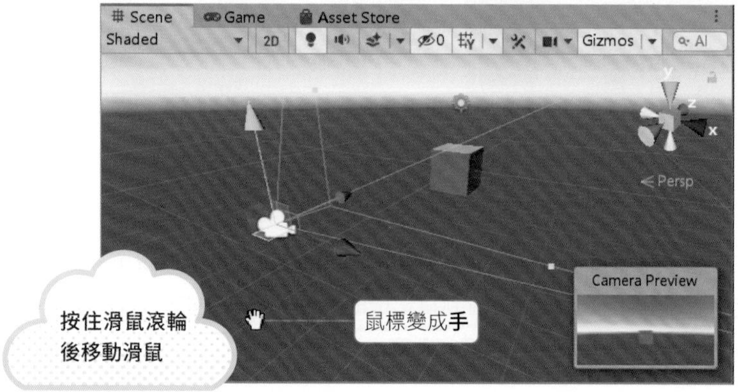

旋轉視角

在『Scene 窗格』按住**滑鼠右鍵**後移動滑鼠即可**旋轉**視角：

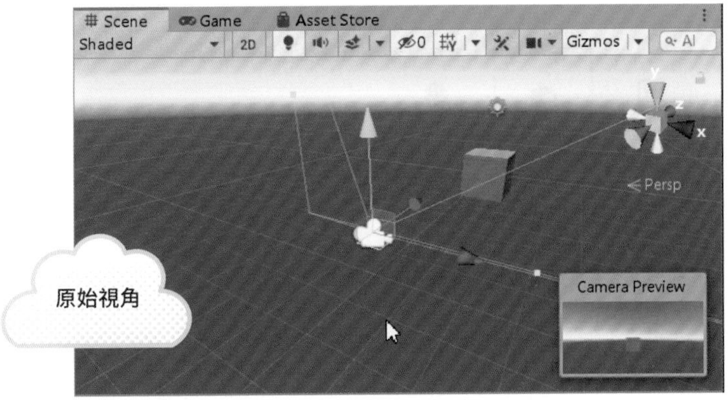

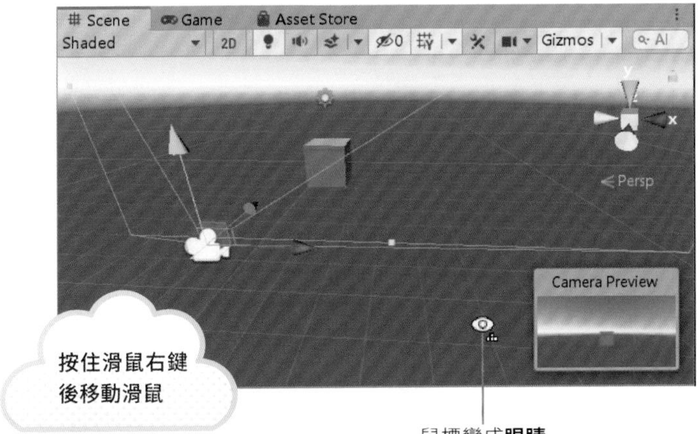

鼠標變成**眼睛**

縮放視角

在『Scene 窗格』滾動**滑鼠滾輪**即可**縮放**視角：

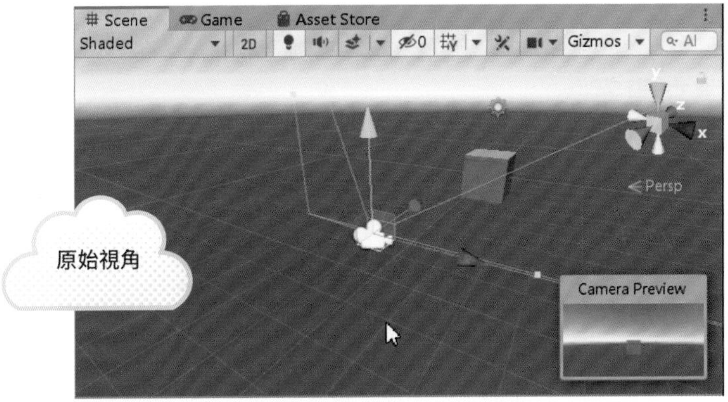

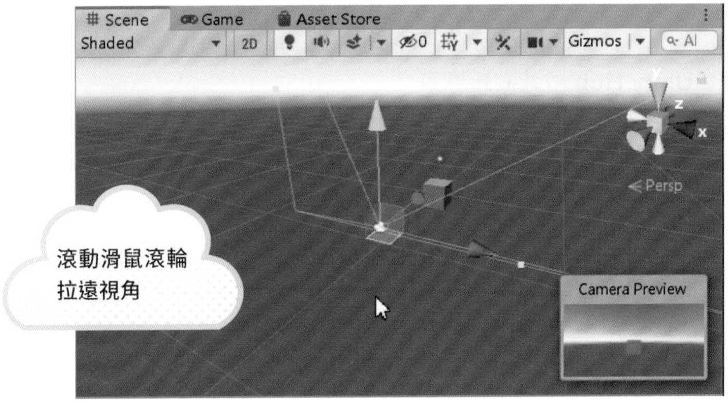

4-4 專案與場景

在 Unity 中『專案』指的是**遊戲整體**；『場景』則是**分鏡**，每個專案裡可以包含多個場景。

建立專案

1 縮小目前開啟的 Unity 專案：

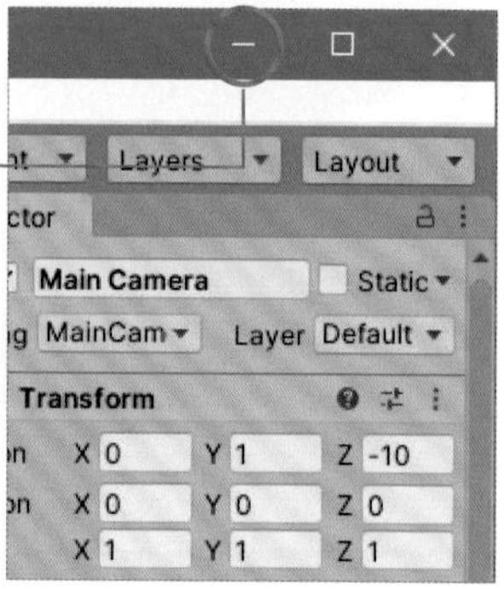

2 開啟 **Unity Hub** 並建立新專案：

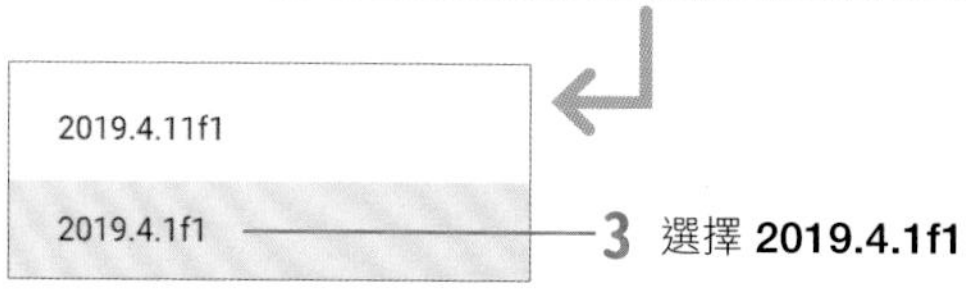

3 設定遊戲類型、專案名稱：

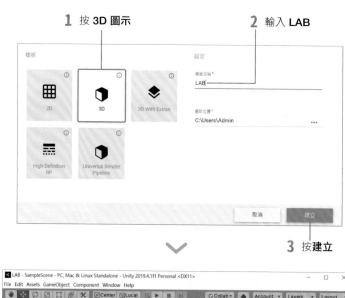

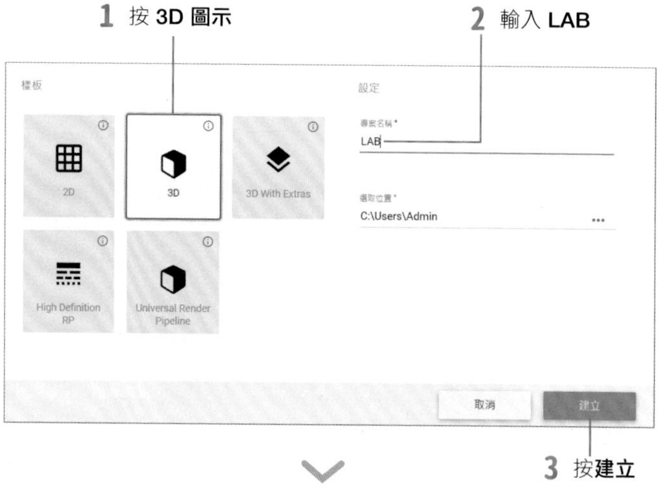

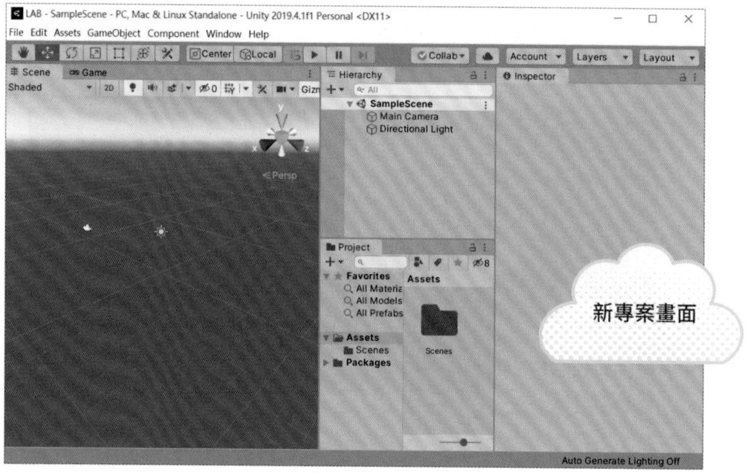

開啟專案

Unity 的專案都會由 Unity Hub 管理，所以需要開啟專案時，只需要到 Unity Hub 的**專案首頁**按對應的專案即可：

選擇**專案**

新增場景

如果把**專案**比喻成『書本』，那場景就是『章節』。現在請在 **LAB 專案**中新增一個新的場景 **LAB02**，首先按『Project 窗格』的 **Assets/Scenes** 資料夾：

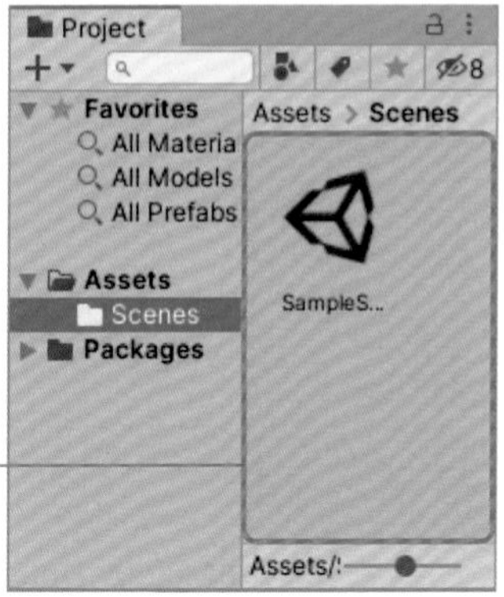

目前已有的**場景**

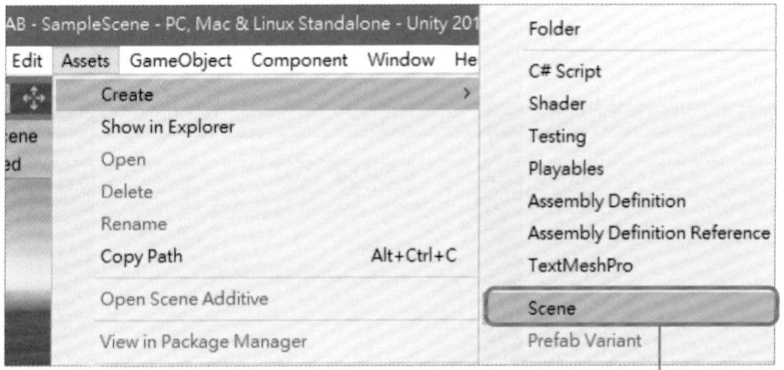

按功能表的 **Assets/Create/Scene**

Scenes 資料夾內多了一個新的場景，將其命名為 **LAB02**：

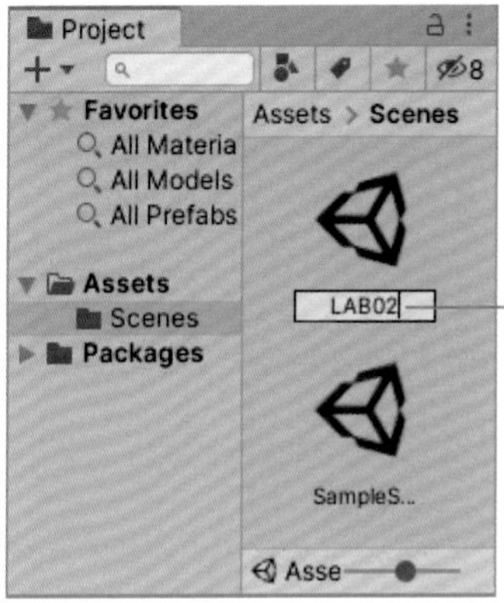

更改為 **LAB02**

⚠ 後續所有場景都會存放於 **Scenes 資料夾**中。

更改名稱後開始編輯 LAB02：

Hierarchy 視窗內顯示的場景為『LAB02』

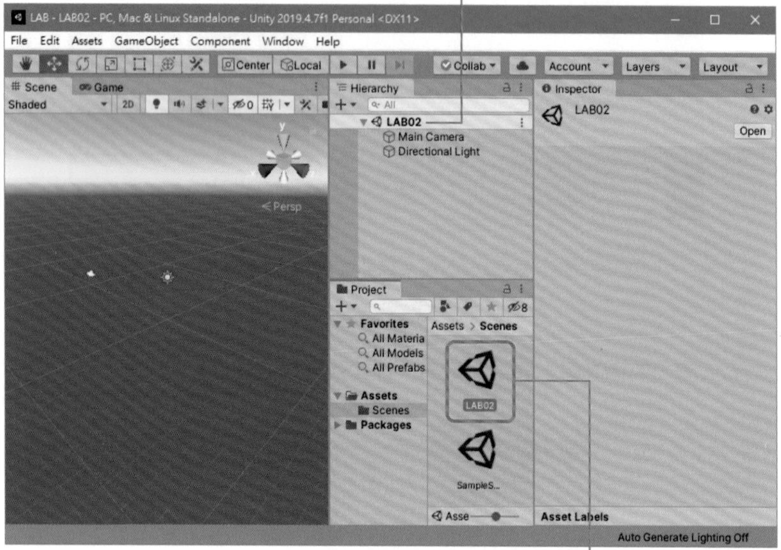

雙按 **LAB02**

▲ 因為 2 個場景都沒有新增任何物件，所以更換場景時看不出差異，只要確認 **Hierarchy 視窗**顯示的是 LAB02 即可。

軟體補給站　開啟範例檔

本書有提供**範例專案** https://www.flag.com.tw/download.asp?FM629A，下載後可以用以下步驟開啟：

1 按**舊專案**

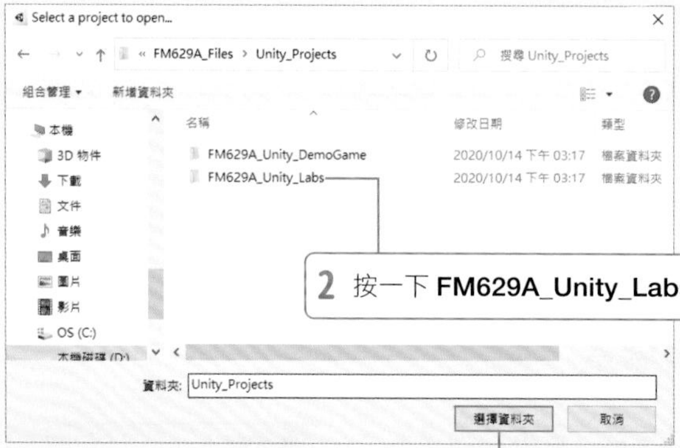

2 按一下 **FM629A_Unity_Labs**

3 按**選擇資料夾**

即可看到 **FM629A_Unity_Labs** 出現在 **Unity Hub** 中

4-5 認識 Unity 腳本

當我們想要控制 Unity 物件時，就需要使用到**程式語言**，程式語言對於 Unity 物件來說就像是**劇本**，物件會根據程式的指令來動作。

以 Unity 來說，目前最多人使用的程式語言是『C#』。本書會介紹 C# 的語法跟程式的基礎，讓讀者可以快速上手。

建立 C# 腳本

C# 腳本是用來撰寫 C# 的『程式檔』，只要將 **C# 腳本**加入物件中，再將物件放在場景中，執行遊戲時就會做出腳本中的動作。

後續內容會建立很多 **C# 腳本**，所以我們先建立一個**空資料夾**來存放腳本：

1 建立腳本資料夾：

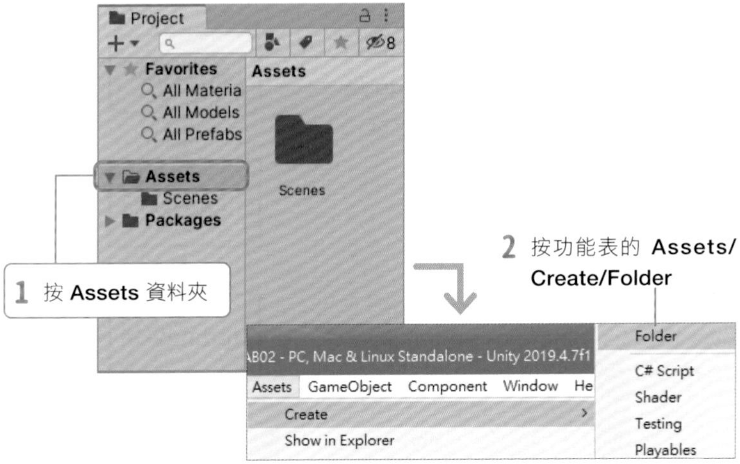
1 按 Assets 資料夾
2 按功能表的 Assets/Create/Folder

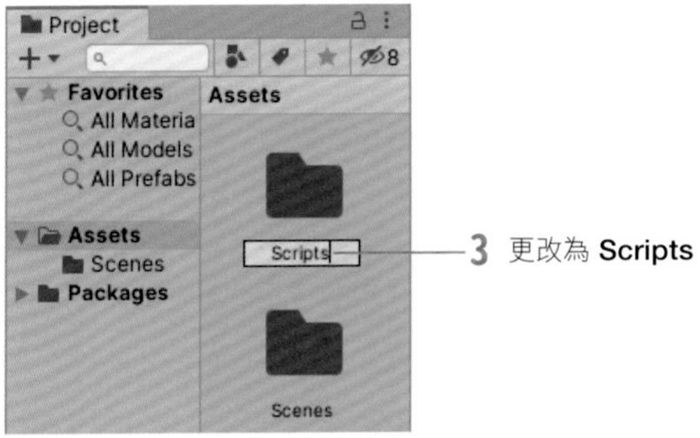
3 更改為 Scripts

2 建立腳本，並將其命名為 test：

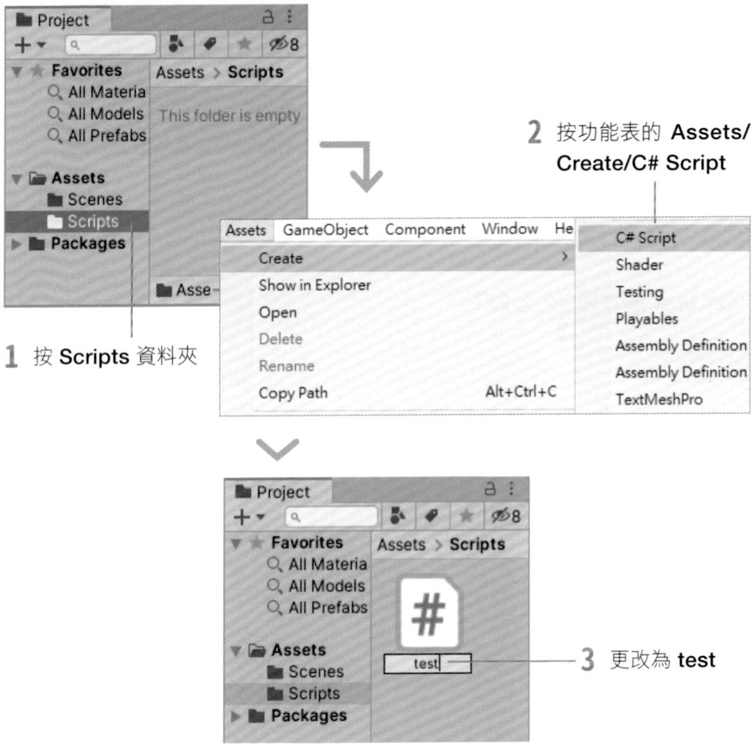
1 按 Scripts 資料夾
2 按功能表的 Assets/Create/C# Script
3 更改為 test

到此我們就建立好一個空的腳本，雙按它即可開啟：

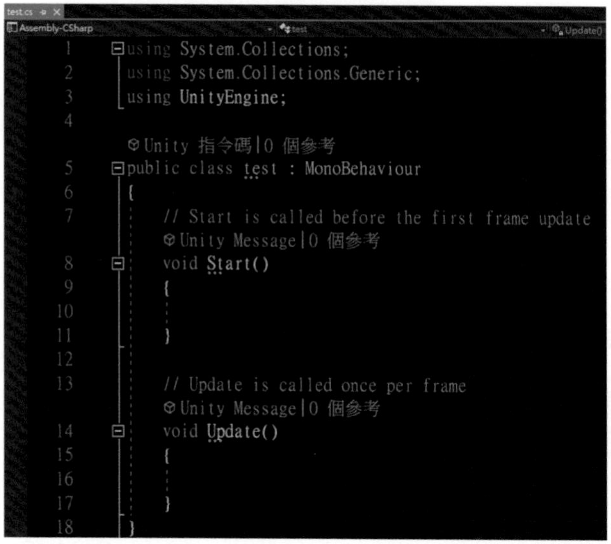
test.cs
Assembly-CSharp
test
Update()
using System.Collections;
using System.Collections.Generic;
using UnityEngine;
Unity 指令碼|0 個參考
public class test : MonoBehaviour
{
// Start is called before the first frame update
Unity Message|0 個參考
void Start()
{
}
// Update is called once per frame
Unity Message|0 個參考
void Update()
{
}
}

認識預設程式

開啟 **test 腳本**後，內容如下：

test

```
01: using System.Collections;
02: using System.Collections.Generic;
03: using UnityEngine;
04:
05: public class test : MonoBehaviour
06: {
07:     // Start is called before the first frame update
08:     void Start()
09:     {
10:
11:     }
```

NEXT

```
12:
13:     // Update is called once per frame
14:     void Update()
15:     {
16:
17:     }
18: }
```

上面程式碼為**預設程式**，是腳本預設的內容。讓我們一起來看看這幾行程式碼的意思。

前 3 行是匯入 Unity 需要的功能。而每行程式後面的**分號 ";"** 是功能為 C# 區分每一行程式碼的標記，如果沒有在行末端加上分號會出現錯誤訊息。

第 5 行表示每個腳本都是一個**類別 (class)**，並且會繼承 **MonoBehaviour**，繼承後才可以使用 Unity 專用的語法。

⚠ **類別**可以比喻成設計圖，藉由類別即可建立出包含其屬性的**物件**。例如蓋房子會需要房子的設計圖，根據設計圖的內容開始建造房子，而最後蓋好的房子就是物件。

第 8-11 行是 **Start 區塊**，在遊戲開始後會『執行 1 次』；第 14-17 行是 **Update 區塊**，當 Start 執行完後，遊戲就會不斷執行 Update。流程圖如右：

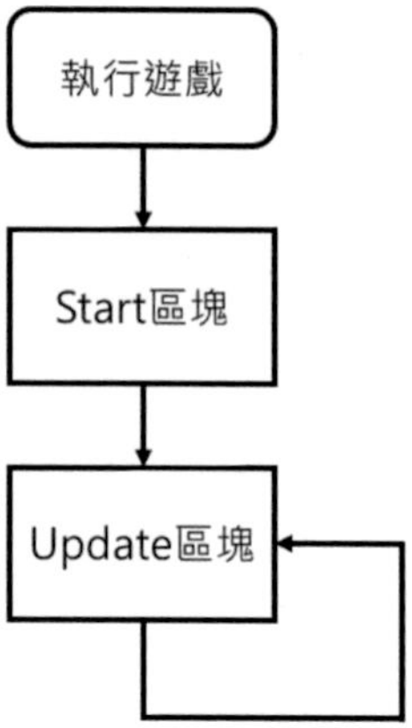
執行遊戲
Start區塊
Update區塊

⚠ Start 區塊因為只會執行 1 次，所以適合用來**設定初始值**，例如角色初始血量，而需要不斷更新的內容則會放在 Update 區塊中，例如角色控制。

每個**程式區塊**會使用 " { "、" } " 來表示範圍，" { " 代表區塊的**開頭**，" } " 代表區塊的**結尾**，像是『Start 區塊』目前的範圍是第 9 行到 11 行、『Update 區塊』目前的範圍是第 15 行到 17 行。

▲ 區塊結尾就不需要加上 ";"。

▲ 第 7 行和第 13 行的最前面有 2 條斜線 "//"，這在 C# 中代表的是**註解 (Comment)**。只要是 "//" 後面的內容都**不會執行**，是用來解釋程式碼或做備註。

認識完預設程式後，就讓我們來動手寫程式吧！

顯示文字

首先，我們先顯示文字到 Unity 的 **Console 控制視窗**，**Console 視窗**可以顯示 Unity 的警告、錯誤訊息，也可以藉由程式碼顯示內容。在 Unity 按下 Ctrl + Shift + C 即可打開 Console 視窗：

Unity 已有**內建函式**可以將數字和文字顯示於 Console 視窗，函式如下：

```
Debug.Log()
```

▲ **函式**是將常用的功能打包，在需要時可以直接使用。

Debug.Log() **小括號**內填入的內容就會顯示於 **Console 視窗**。

▲ 函式的小括號內填入的內容稱為**參數**。

現在我們將 **Hello Unity** 輸入到小括號內，並顯示『1 次』到 Console 視窗，完整程式如下：

test

```
01: using System.Collections;
02: using System.Collections.Generic;
03: using UnityEngine;
04:
05: public class test : MonoBehaviour
06: {
07:     // Start is called before the first frame update
08:     void Start()
09:     {
10:         Debug.Log("Hello Unity");
11:     }
12:
13:     // Update is called once per frame
14:     void Update()
15:     {
16:
17:     }
18: }
```

更改完後的腳本請記得按下 Ctrl + S 儲存。

▲ Debug.Log("Hello Unity") 後面記得補上 ";"，這樣才會代表這行程式碼已經結束。

▲ Debug.Log() 小括號的內容如果是**文字**，請在文字的前後加上 "　"，如果是**數字**則不用。

將畫面切回到 Unity 的 LAB 專案 LAB02 場景，我們需要將**寫好的腳本放到遊戲物件中**，腳本才會在遊戲進行時一起執行：

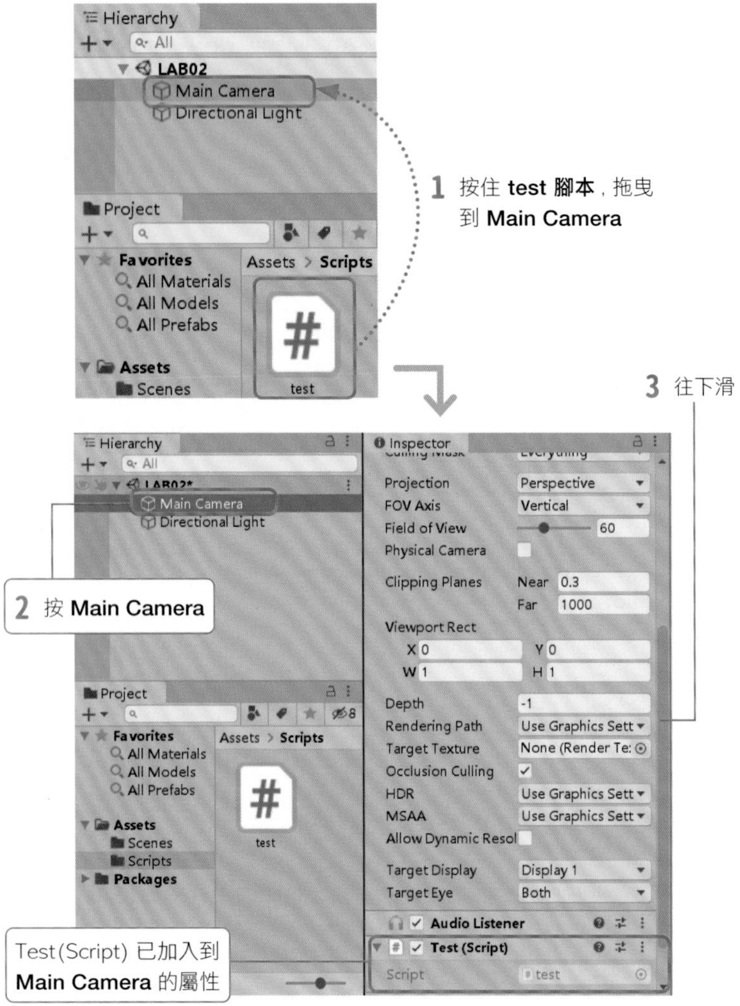

▲ 屬性的名稱開頭字母皆會以**大寫顯示**，所以『test 腳本』與『Test(Script)』相同。

按圖示 ▶ 執行遊戲：

如果剛剛關閉 Console 控制視窗，請按下 Ctrl + Shift + C 打開 Console 控制視窗，即可看到『Hello Unity』：

▲ 如果沒看到顯示次數，請按下 **Collapse**

到此就成功完成第一個 C# 腳本。接下來讓我們認識一下程式語言中的**變數**。

變數

變數就像是一個箱子，它可以將各種**資料型別**的資料存放進去。後續內容會使用到的資料型別有以下幾種：

型別	型別說明	意義	範例
bool	布林	對及錯	true, false
int	整數	沒有小數點的數值	10, -25
float	浮點數	有小數點的數值	11.5, 20.0
string	字串	一段文字	"Hello"

只要指定名稱及型別，即可創建變數：

建立變數

```
int hp;       // 血量
```

上面程式代表建立 1 個**整數 (int) 變數**，並且命名為 **hp**：

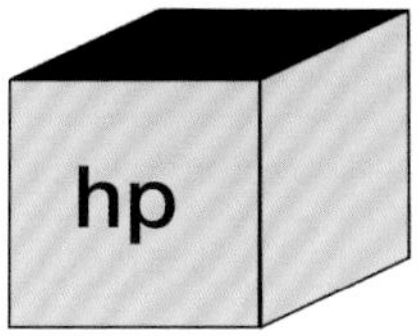

創建變數時可以指定初始值：

指定變數值

```
int hp = 20;
```

只要將**變數名稱**放在『=』左邊，將**值**放在『=』右邊，其值就會存入變數中：

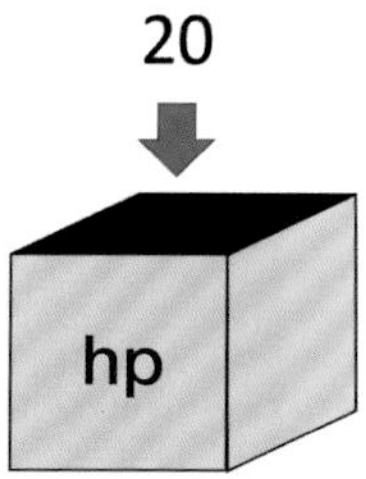

接下來更改一下 **test 腳本**：

test

```
...
07:     // Start is called before the first frame update
08:     void Start()
09:     {
10:         // Debug.Log("Hello Unity"); // 顯示 Hello Unity
11:         int hp = 20;                 // 建立變數 hp
12:         hp += 10;                    // 將 hp 加 10
13:         Debug.Log(hp);               // 顯示 hp 數值
14:     }
...
```

上面的程式碼會在**第 11 行**建立一個新的整數型別變數『hp』，其值為 20。並在下一行將此變數加 10，最後再使用 Debug.Log() 將其顯示出來，概念圖如下：

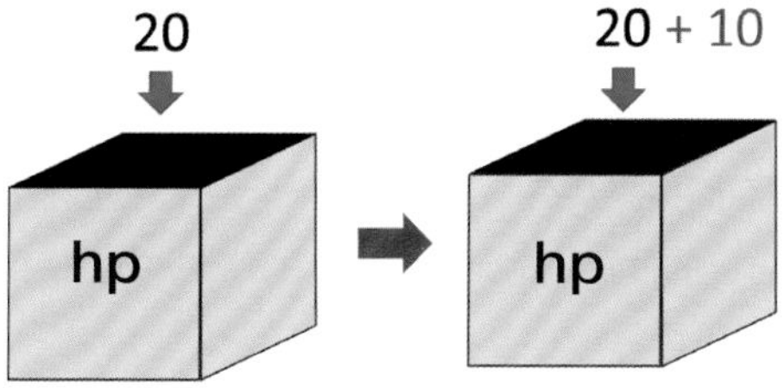

第 11 行　　第 12 行

更改好程式碼後按下 Ctrl+S 儲存，並到 Unity 視窗按 ▶ 執行遊戲，再從 Console 視窗查看數值：

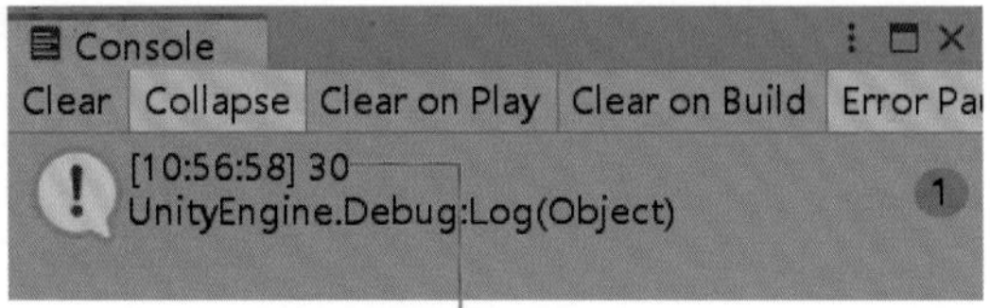

顯示 30

4-6 物件移動

C# 腳本除了顯示文字到 Console 視窗，控制物件才是我們最主要的目的，接下來將使用程式控制『立方體』物件讓它前後左右移動。

Lab02 立方體移動

實驗目的 將內建立方體加入遊戲中，並使用腳本移動它。

設計原理

Vector3

Unity 的 3D 遊戲空間中總共有 3 個軸向：x、y、z, 遊戲裡的物體都會使用這 3 個軸向表示自己的位置 (Position)。而在 Unity 中會使用 **Vector3** 代表這 3 個軸向的座標值：

```
Vector3 (float x, float y, float z)
```

▲ Vector3 的 x、y、z 資料型態為 **flaot**。

在腳本中建立 Vector3 物件時使用以下方式：

```
Vector3 名稱;
```

只要在 Vector3 類別後接上名稱即可建立 Vector3 物件。因為**遊戲裡的物體位置**也是由 3 軸座標表示，所以可以直接加上 Vector3 物件來改變物體位置：

```
物體位置 + Vector3.up;      // 物體往上
```

up 是 Vector3 的其中一個屬性，它代表 **Vector3(0, 1, 0)**, 也就是往上方移動 1。除了 **up** 以外還有其他屬性：

屬性	意義
up	Vector3(0, 1, 0)
down	Vector3(0, -1, 0)
forward	Vector3(0, 0, 1)
back	Vector3(0, 0, -1)
left	Vector3(-1, 0, 0)
right	Vector3(1, 0, 0)

角色控制器 Character Controller

角色控制器 Character Controller 是一個物體的**元件 (component)**，只要將它加入「屬性窗格」，就可以使用角色控制器的函式 **Move()** 控制角色。

元件指的是附加到遊戲物件中的功能，像是 **transform** 就是管理角色座標、角度的元件。在腳本中是無法直接使用元件的，需要藉由 **GetComponent** 來取得該遊戲物件擁有的元件：

```
GetComponent<元件名稱>()
```

只要使用 GetComponent 取得元件，就可以使用其功能。

讀取方向鍵

Input.GetAxis() 函式會讀取目前按下的方向鍵，並且根據按壓的時間長短，得到 -1～1 之間的浮點數：

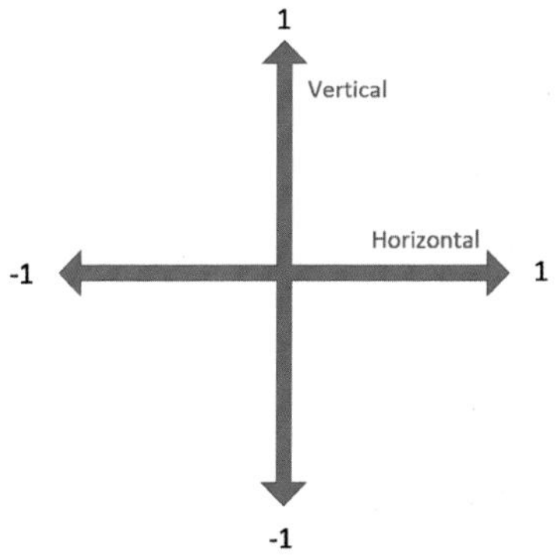

▲ 正負號代表方向，數值代表按壓時間長短。

Horizontal 代表『水平』，按下 [←]、[→] 或是 [a]、[d] 會得到 -1(左)~1(右)的浮點數值：

讀取水平方向的時間長短

```
Input.GetAxis("Horizontal")
```

Vertical 代表『垂直』，按下 [↓]、[↑] 或 [s]、[w] 即可得到 -1(下)~1(上)的浮點數值：

讀取垂直方向的時間長短

```
Input.GetAxis("Vertical")
```

Unity 操作

1 匯入內建立方體：

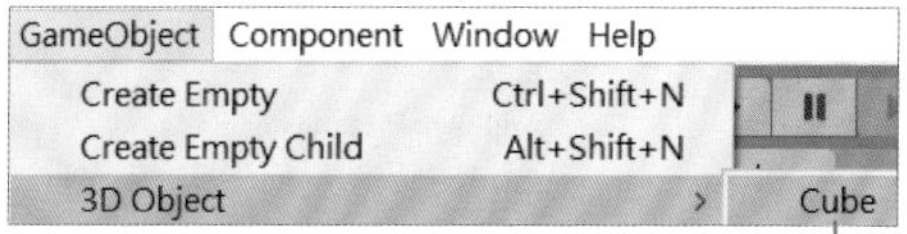

1 按功能表的 **GameObject/3D Object/Cube**

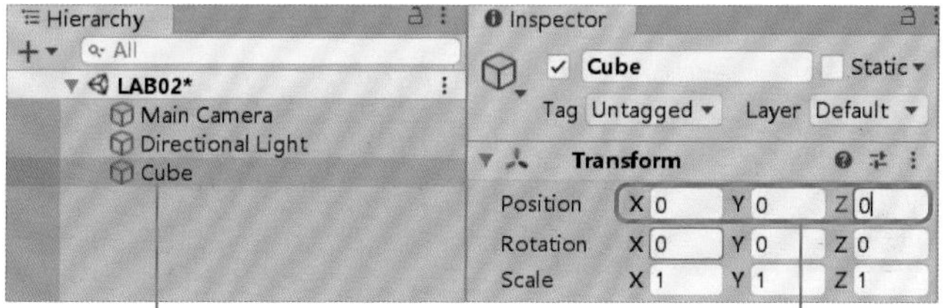

2 按 Hierarchy 視窗中的 **Cube** 物件

3 設定為 0、0、0

2 建立『控制移動』腳本：

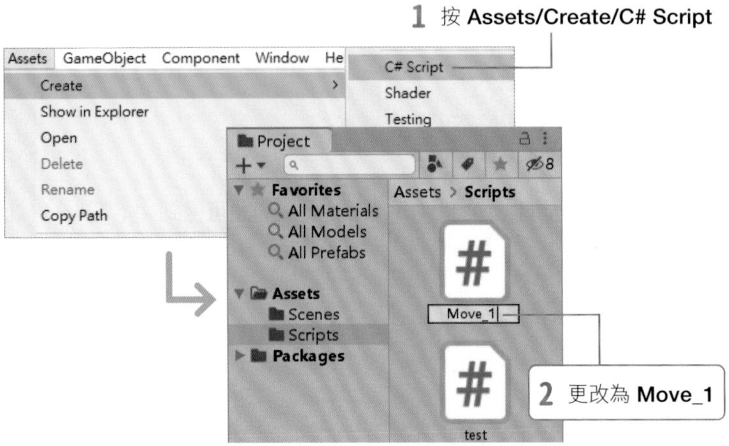

3 將腳本加入立方體物件中：

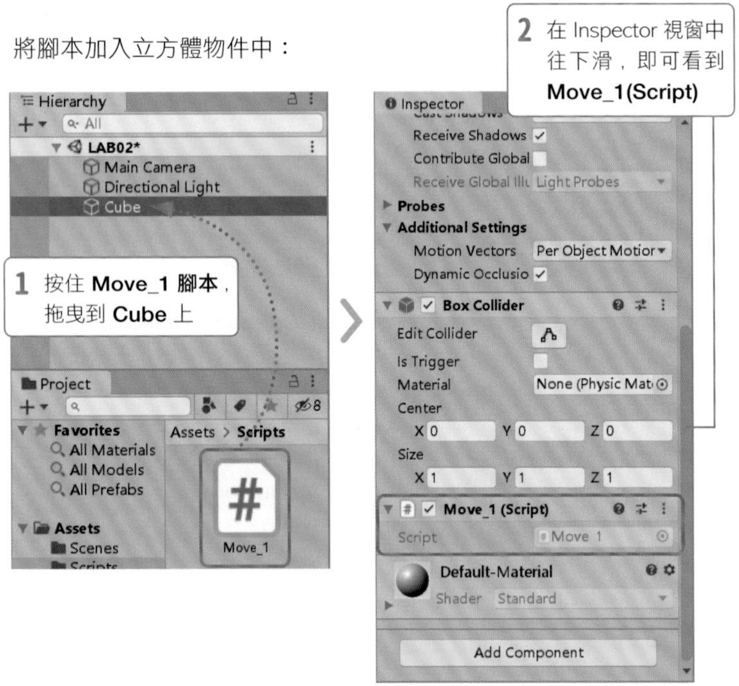

4 增加 Character Controller 元件：

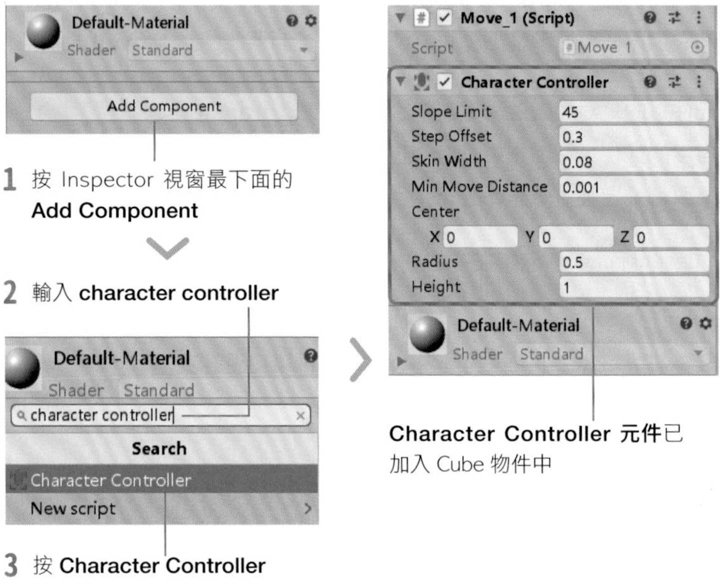

程式設計

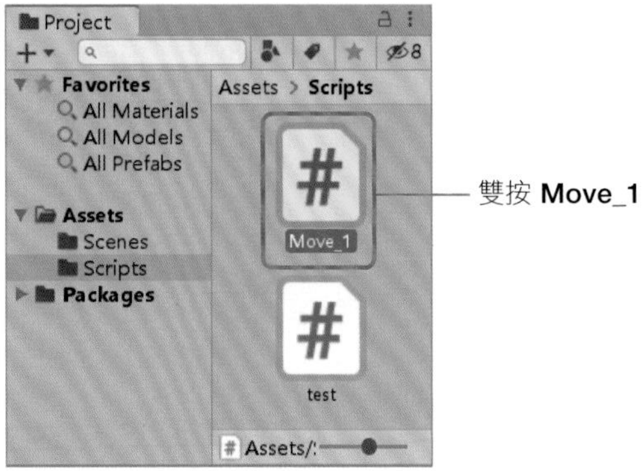

開啟腳本後，即可輸入以下程式碼：

Move_1

```
01: using System.Collections;
02: using System.Collections.Generic;
03: using UnityEngine;
04:
05: public class Move_1 : MonoBehaviour
06: {
07:     // 宣告 Vector3 變數
08:     Vector3 moveDir = Vector3.zero;
09:     // 宣告 角色控制 變數
10:     CharacterController characterController;
11:     // 移動速度
12:     int speed = 10;
13:
14:     // Start is called before the first frame update
15:     void Start()
16:     {
17:         // 取得元件
18:         characterController =
19:             GetComponent<CharacterController>();
20:     }
21:
22:     // Update is called once per frame
23:     void Update()
24:     {
25:         // 讀取方向鍵按下的時間，值介於 -1~1
26:         float h = Input.GetAxis("Horizontal"); // 水平
27:         float v = Input.GetAxis("Vertical");   // 垂直
28:         // 更改方向
29:         moveDir = Vector3.right * h + Vector3.forward * v;
30:
31:         // 控制角色移動
32:         characterController.Move(moveDir
33:             * Time.deltaTime * speed);
34:     }
35: }
```

- 第 12 行：物件的移動速度。
- 第 29 行：Vector3.right * h 可以看成 (h, 0, 0)；Vector3.forward * v 可以看成 (0, 0, v)，所以變數 **moveDir** 代表兩者相加：**(h, 0, v)**。
- 第 32~33 行：將**方向 (moveDir)**、**每幀時間 (Time.deltaTime)** 和**速度 (speed)** 相乘，以此當作角色的移動方向及速度。

軟體補給站 Time.deltaTime

Time.deltaTime 代表**每一幀相隔的時間**。遊戲在執行的過程中，會不斷切換畫面 (也稱為幀)，而每秒顯示幾幀則稱為 FPS(Frames per Second)。

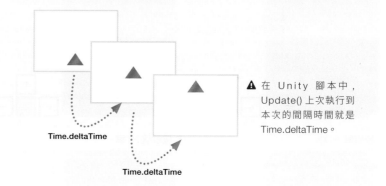

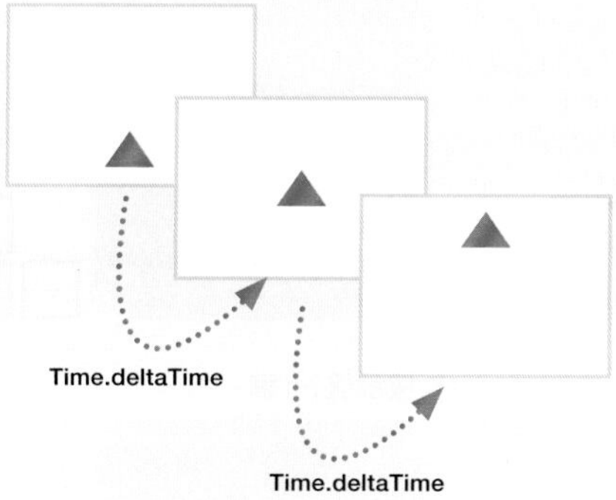

▲ 在 Unity 腳本中，Update() 上次執行到本次的間隔時間就是 Time.deltaTime。

因為每一幀的相隔時間都有些微的差異，如果物體在每一幀都移動相同的距離，就會看起來不太滑順，例如每一幀移動 10 公分，有時會 0.03 秒一幀，有時卻 0.08 秒一幀，看起來就會有時移動很少，有時移動很多。

為了避免這個問題，只要在移動物體時乘上 Time.deltaTime，當 Time.deltaTime 越短，移動距離越短，Time.deltaTime 越長，移動距離越長。

測試遊戲

按下 Ctrl+S 儲存 **Move_1** 腳本後回到 Unity 視窗，按 ▶ 執行遊戲：

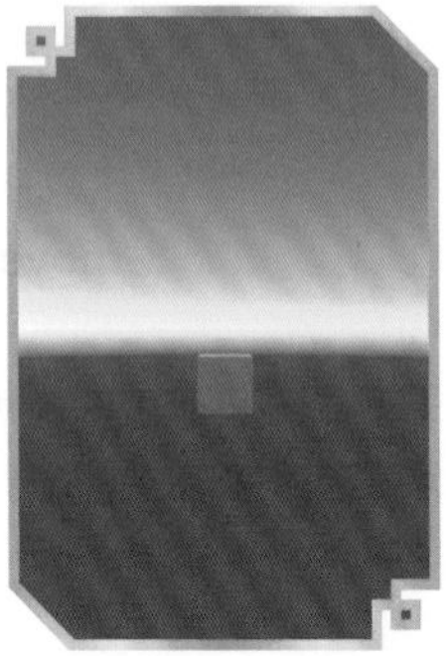

按下鍵盤的 ↑、↓、←、→，看立方體有沒有移動：

按鍵盤 ↑ 鍵

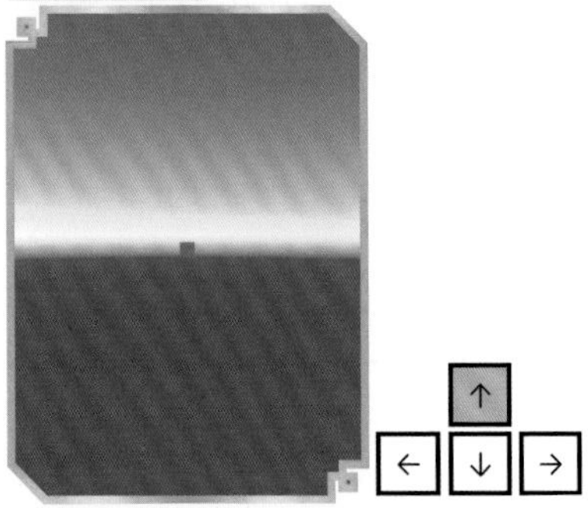

按鍵盤 ↓ 鍵

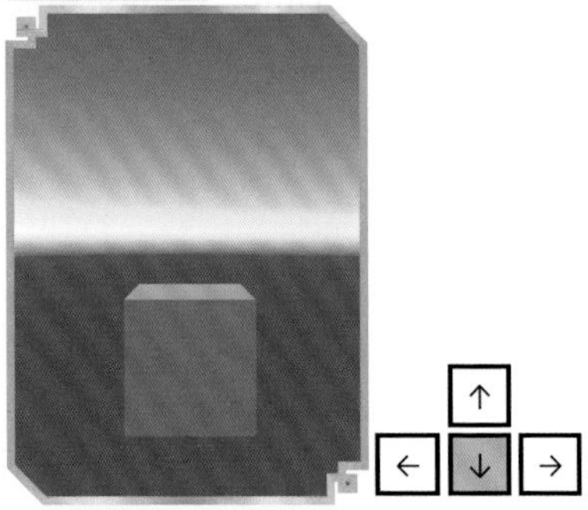

按鍵盤 ← 鍵

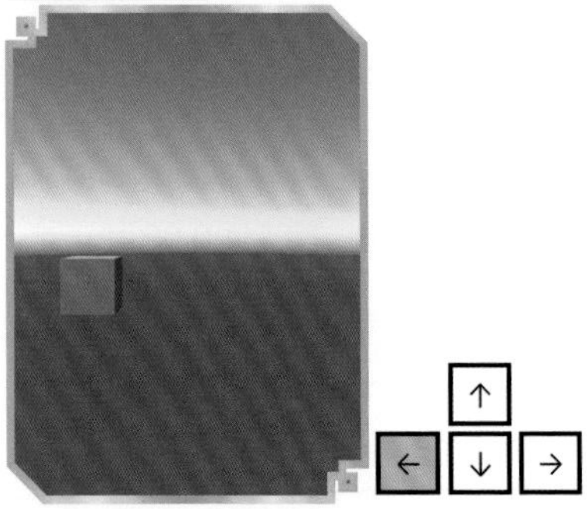

按鍵盤 → 鍵

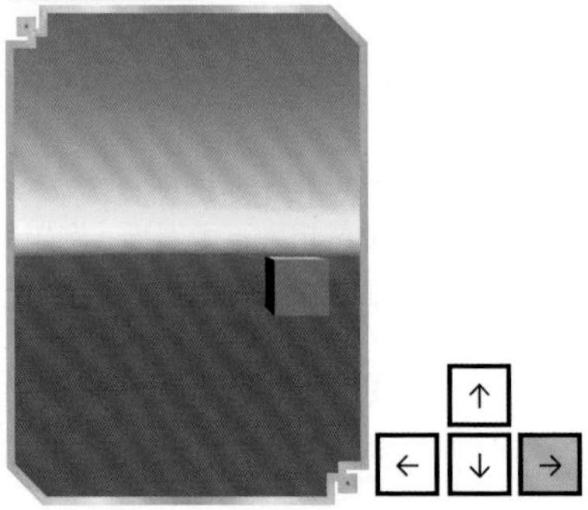

▲ 再次按執行鍵即可結束遊戲

4-7 認識 Asset Store

在製作遊戲時，通常都希望遊戲角色能越精緻越好，但在初學階段很難快速製作精緻的 3D 模型，好在 Unity 有一個商城 **Asset store**，裡面有很多網友提供的模型，不管是角色、武器、場地⋯等應有盡有，而且有很多是**免費**的，接著就讓我們的遊戲更精緻吧！

開啟 Asset store 視窗

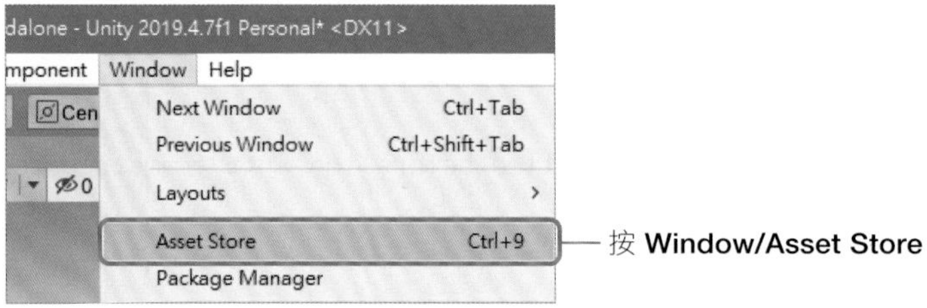

匯入角色

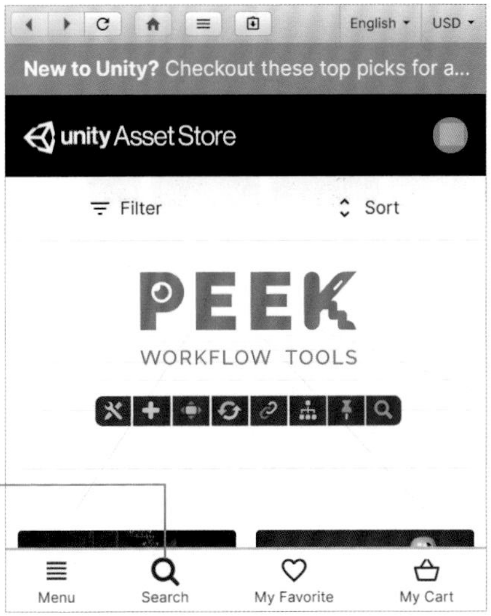

1 按 Search

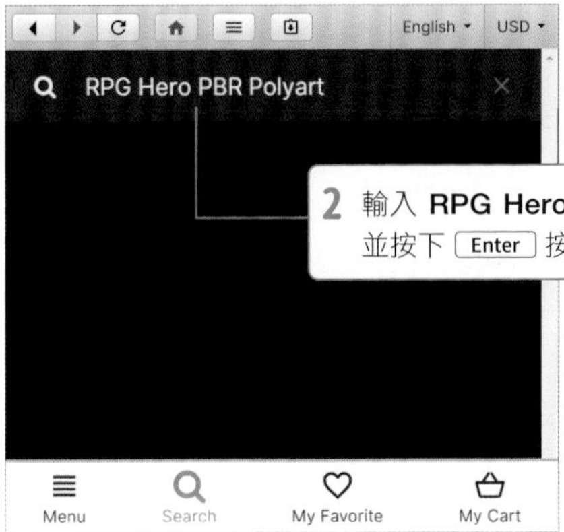

2 輸入 RPG Hero PBR Polyart，並按下 Enter 按鍵式

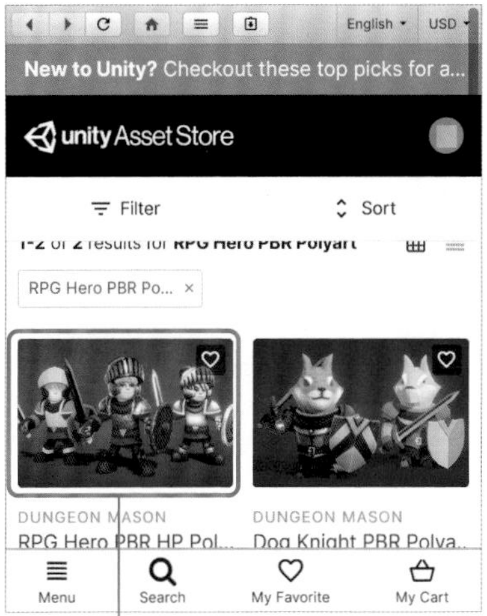

3 按圖示

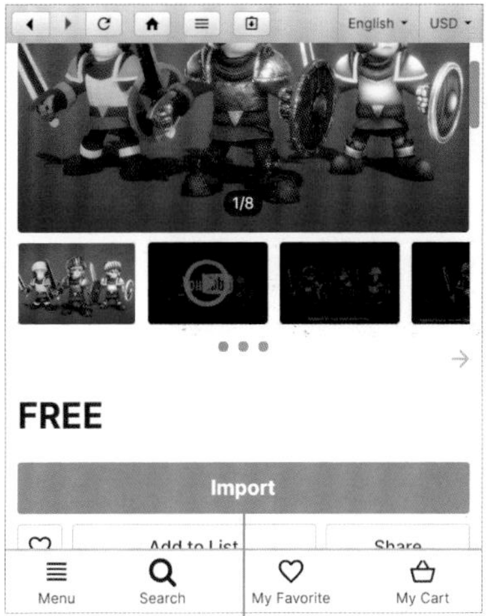

4 按 Import

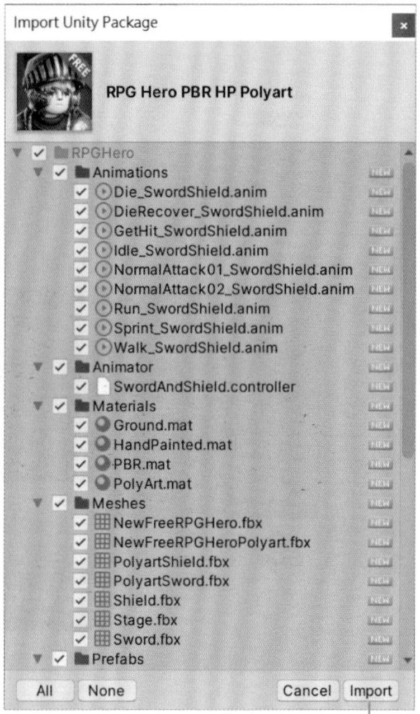

4 按 Import

▲ 如果 Console 視窗有顯示警告文字，因為不會對功能產生影響，所以不用理會。

匯入場地

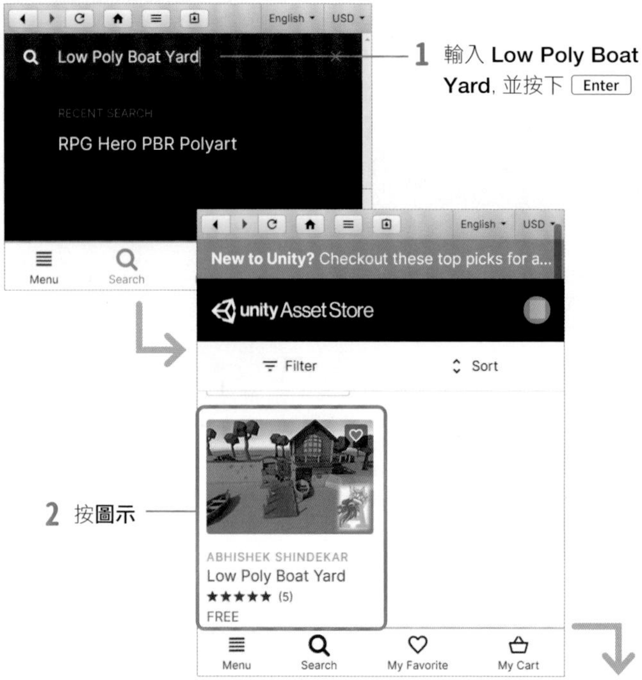

1 輸入 Low Poly Boat Yard，並按下 Enter

2 按圖示

3 按 Import

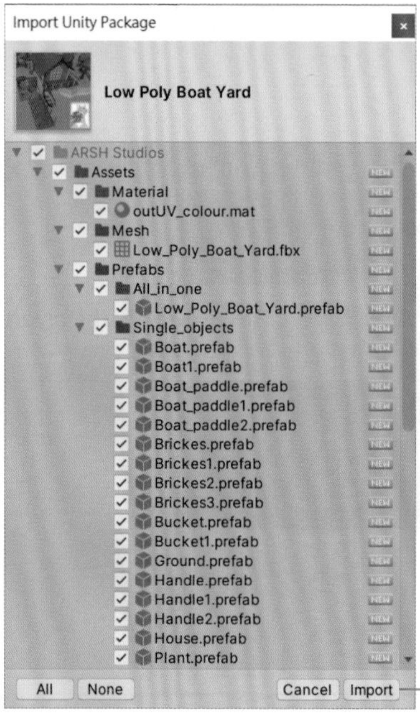

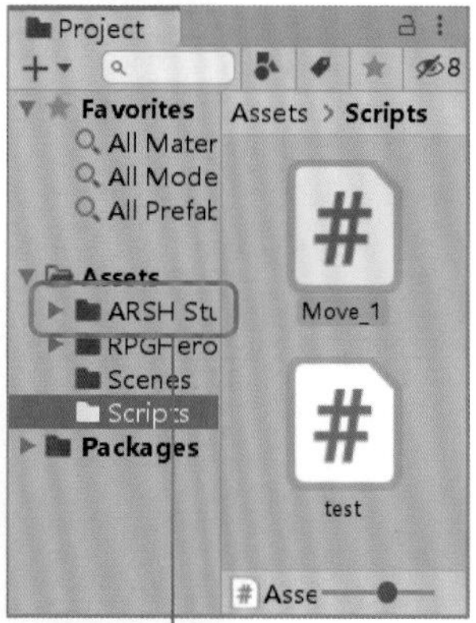

場地成功匯入

4 按 Import

Lab03 角色移動

實驗目的

將 Asset Store 下載的檔案匯入遊戲中，並使用 Move_1 腳本控制角色移動。

設計原理

將前一個實驗的『內建立方體』更改成 Asset Store 下載的『角色』，並將 **Move_1** 腳本加入到角色的屬性中，藉此控制角色移動。

為了讓遊戲畫面更加豐富，還會匯入 Asset Store 下載的『場地』。

Unity 操作

1 建立新場景 **LAB03**：

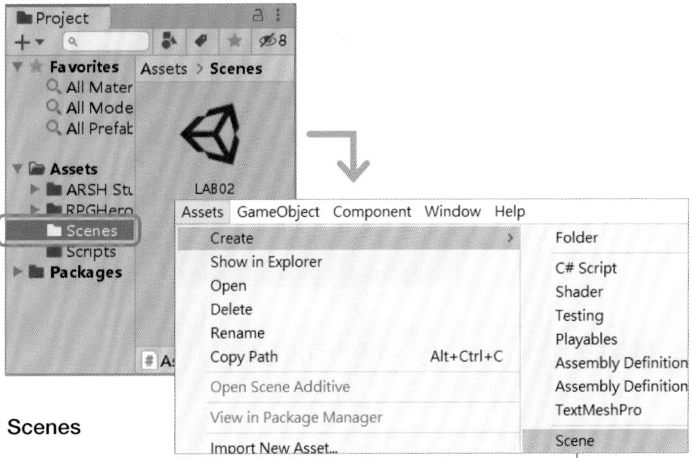

1 按 **Scenes**

2 按 **Assets/Create/Scene**

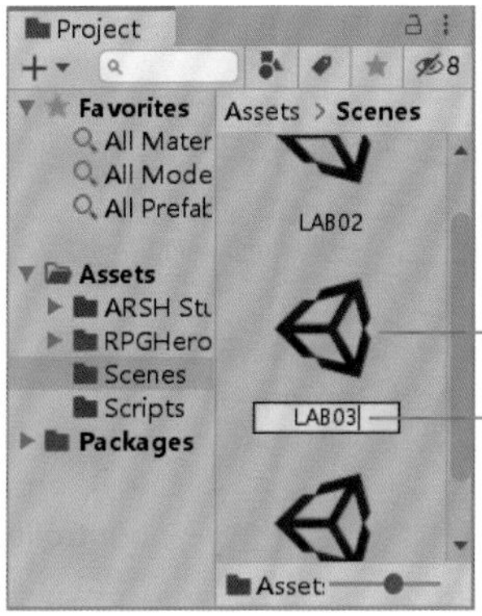

4 雙按 **LAB03**

3 更改為 **LAB03**

2 匯入角色：

2 將 **RPGHeroHP** 拉至 **Hierarchy 視窗**

3 更改為 **50**、**0.865**、**-20**

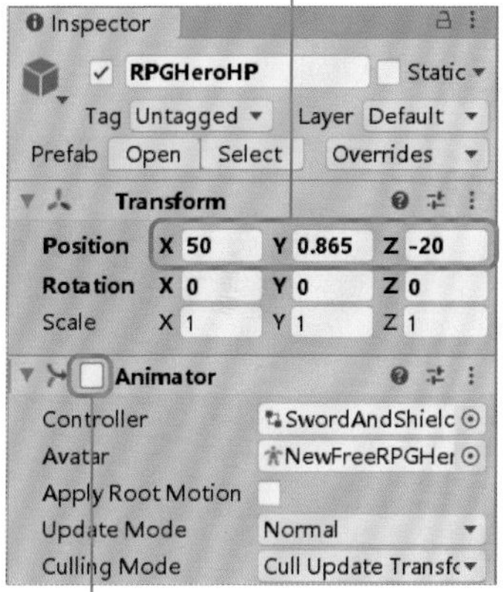

1 按 **Assets/RPGHero/Prefabs**

4 取消勾選 **Animator**

⚠ Animator 在 Unity 代表**動畫**，取消勾選代表不讓角色物件執行動畫。我們匯入的角色本身有跑步、揮劍 ... 等動作，但目前的重點並不是動畫，因此先取消勾選，避免混淆重點。

6 將 **Move_1 腳本**拉至 Hierarchy 視窗的 **RPGHeroHP 物件**

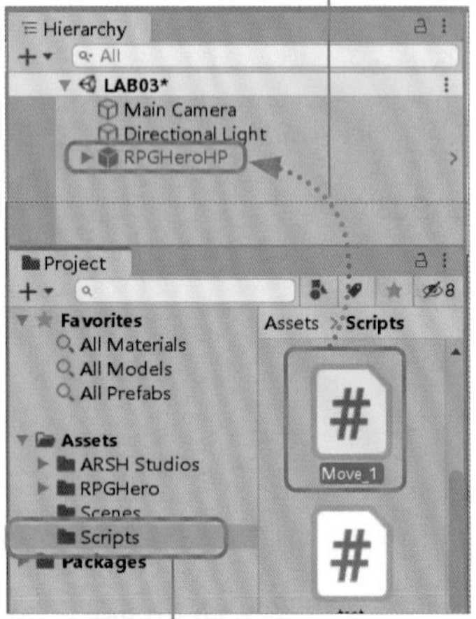

5 按 **Assets/Scripts**

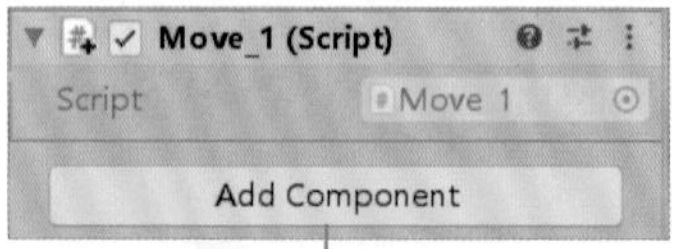

7 在 **Inspector 視窗**最底下按 **Add Component**

8 輸入 **character controller**

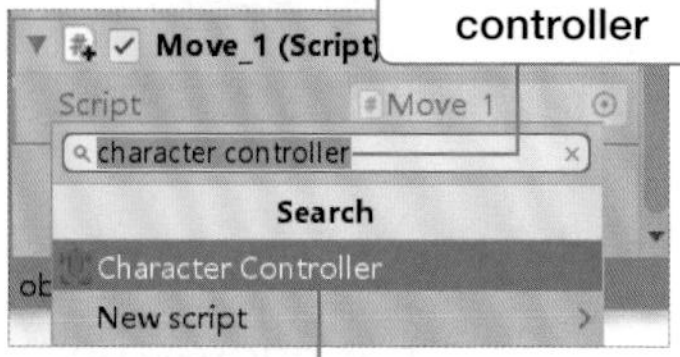

9 點選 **Character Controller**

3 匯入場地：

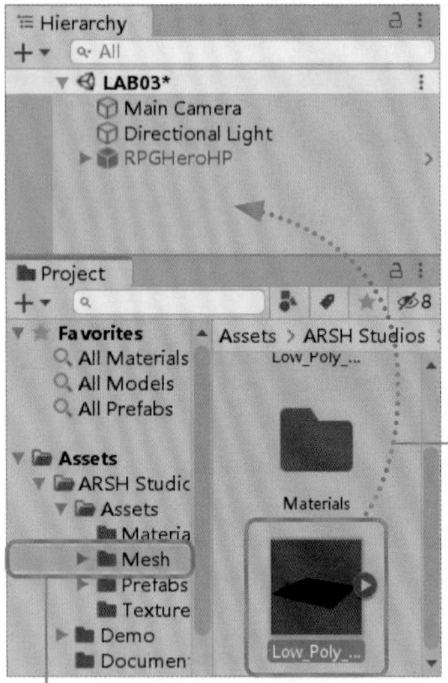

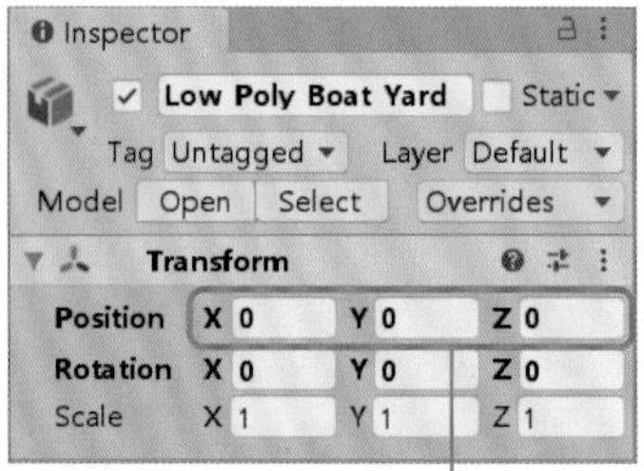

3 更改為 **0、0、0**

2 將 **Low_Poly_Boat_Yard** 拉至 **Hierarchy 視窗**

1 按 **Assets/ARSH Studios/Assets/Mesh**

4 更改攝影機位置：

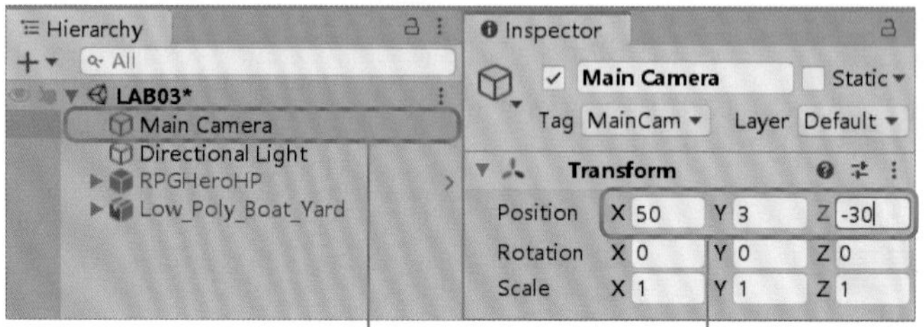

1 按 **Main Camera**

2 更改為 **50、3、-30**

測試遊戲

按 ▶ 執行遊戲：

按下鍵盤的 ↑、↓、←、→, 看角色有沒有移動：

按鍵盤 ↑ 鍵

按鍵盤 ↓ 鍵

按鍵盤 ← 鍵

按鍵盤 → 鍵

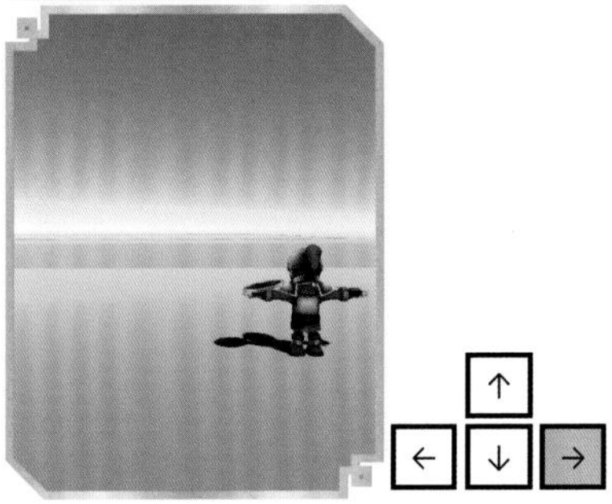

軟體補給站

啟用新授權

Unity 免費的 Personal 版本每過一段時間都需要重新取得授權，在取得新授權前都不能執行專案：

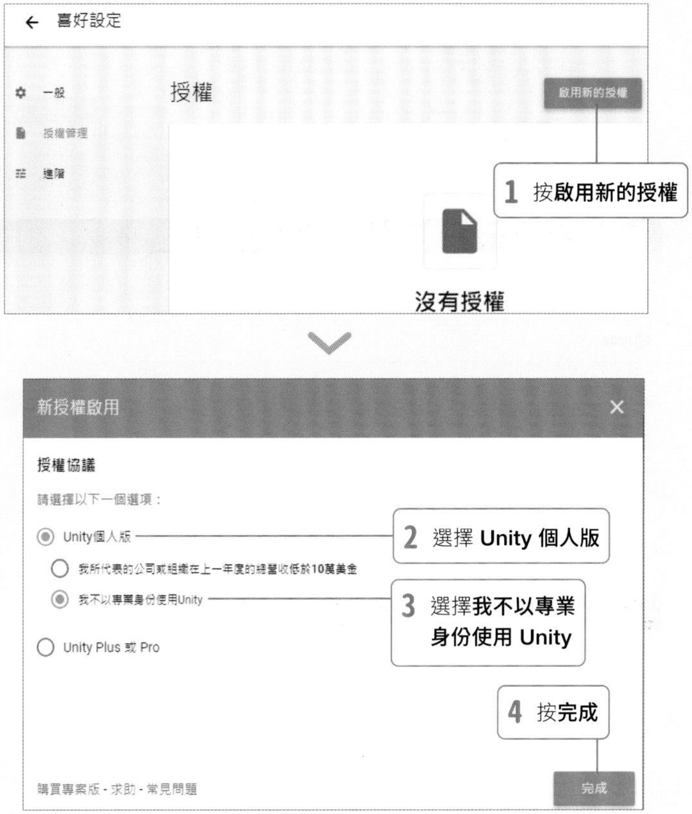

▲ 個人在家學習選擇 Unity 個人版即可，如果是公司行號的使用者，就需要參考 Unity 的授權條款。

而 Unity 免費版則有些使用限制：

1. 遊戲開始時一定會顯示 Unity 商標

2. 營收不能超過 100, 000 美元

MEMO

CHAPTER

05

手把的核心 — 微控制器

本套件後續內容都是 1 個 Unity 範例搭配 1 個手把內的電子元件，所以讓我們暫停一下 Unity 的腳步，先來了解手把的核心 – ESP32 控制板，並且使用 ESP32 控制振動馬達。

5-1 ESP32 控制板簡介

ESP32 是一片單晶片控制板，你可以將它想成是一部小電腦，可以執行透過程式描述的運作流程，並且可藉由兩側的輸出入腳位控制外部的電子元件，或是從外部電子元件獲取資訊，例如，本套件就會使用『光感測元件』將亮度藉由腳位傳入開發板，或是使用腳位控制『振動馬達』。

另外 ESP32 還具備 Wi-Fi 連網的能力，可以將電子元件的資訊傳送出去，也可以透過網路從遠端控制 ESP32。

有別於一般控制板開發時必須使用比較複雜的 C/C++ 程式語言，ESP32 可透過易學易用的 Python 來開發。後面就讓我們來認識 ESP32 的 Python 開發環境吧。

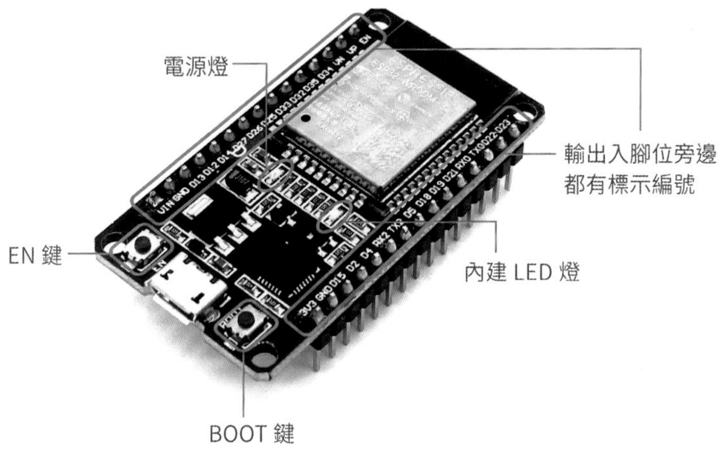

5-2 安裝 Python 開發環境

在開始學 Python 控制硬體之前，當然要先安裝好 Python 開發環境。別擔心！安裝程序一點都不麻煩，甚至不用花腦筋，只要用滑鼠一直點下一步，不到五分鐘就可以安裝好了！

下載與安裝 Thonny

Thonny 是一個適合初學者的 Python 開發環境，請連線 https://thonny.org 下載這個軟體：

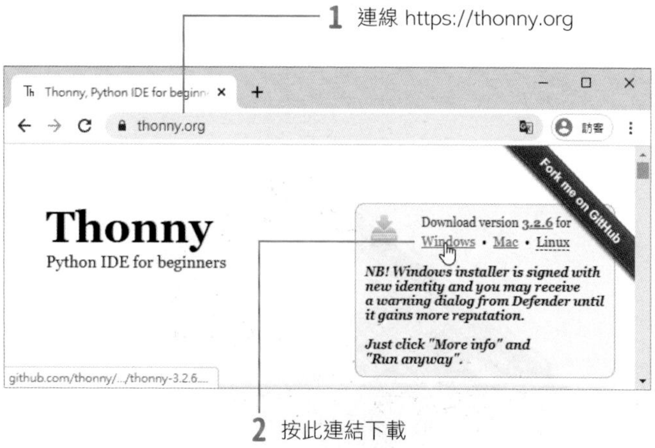
1 連線 https://thonny.org
Thonny, Python IDE for beginn
thonny.org
Thonny
Python IDE for beginners
Download version 3.2.6 for
Windows • Mac • Linux
NB! Windows installer is signed with new identity and you may receive a warning dialog from Defender until it gains more reputation.
Just click "More info" and "Run anyway".
Fork me on GitHub
github.com/thonny/.../thonny-3.2.6...
2 按此連結下載

▲ 使用 Mac/Linux 系統的讀者請點選相對應的下載連結。

下載後請雙按執行該檔案，然後依照下面步驟即可完成安裝：

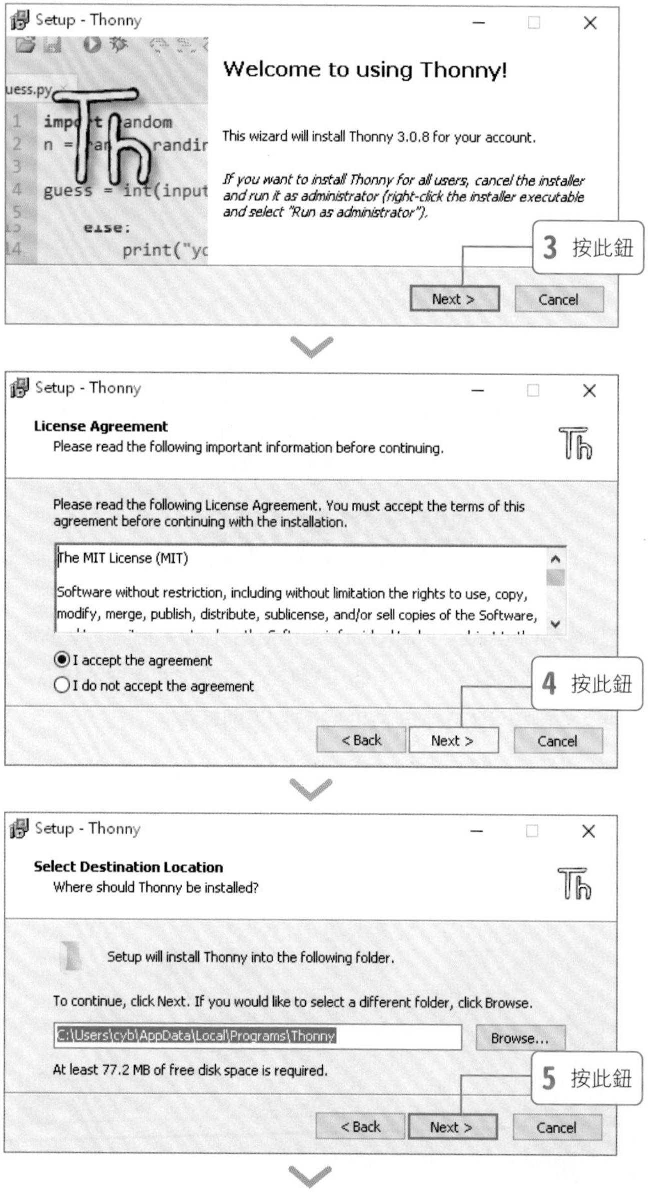
Setup - Thonny
Welcome to using Thonny!
This wizard will install Thonny 3.0.8 for your account.
If you want to install Thonny for all users, cancel the installer and run it as administrator (right-click the installer executable and select "Run as administrator").
Next >
Cancel
3 按此鈕
Setup - Thonny
License Agreement
Please read the following important information before continuing.
Please read the following License Agreement. You must accept the terms of this agreement before continuing with the installation.
The MIT License (MIT)
Software without restriction, including without limitation the rights to use, copy, modify, merge, publish, distribute, sublicense, and/or sell copies of the Software,
I accept the agreement
I do not accept the agreement
< Back
Next >
Cancel
4 按此鈕
Setup - Thonny
Select Destination Location
Where should Thonny be installed?
Setup will install Thonny into the following folder.
To continue, click Next. If you would like to select a different folder, click Browse.
C:\Users\cyb\AppData\Local\Programs\Thonny
Browse...
At least 77.2 MB of free disk space is required.
< Back
Next >
Cancel
5 按此鈕

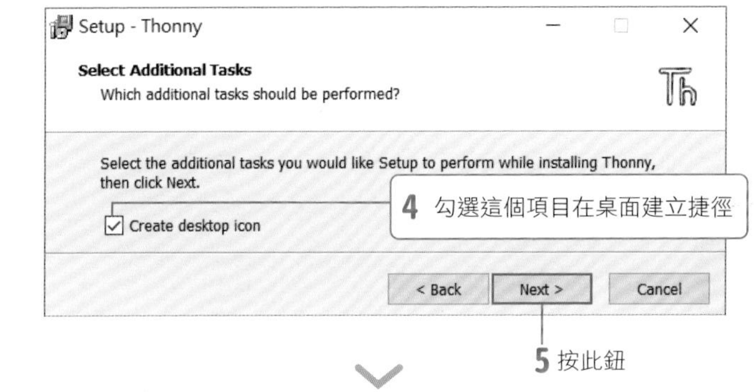
Setup - Thonny
Select Additional Tasks
Which additional tasks should be performed?
Select the additional tasks you would like Setup to perform while installing Thonny, then click Next.
Create desktop icon
4 勾選這個項目在桌面建立捷徑
< Back
Next >
Cancel
5 按此鈕

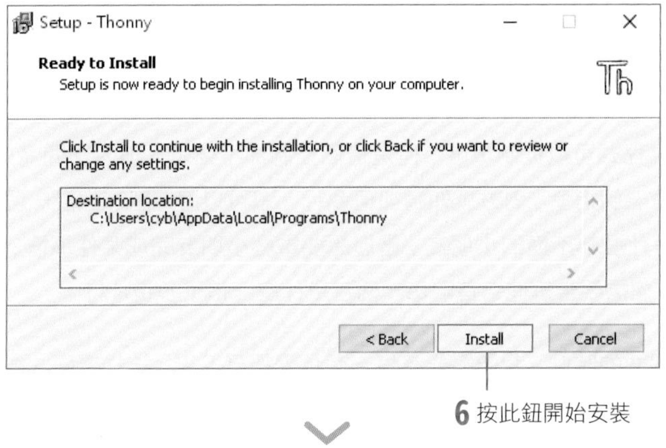
Setup - Thonny
Ready to Install
Setup is now ready to begin installing Thonny on your computer.
Click Install to continue with the installation, or click Back if you want to review or change any settings.
Destination location:
C:\Users\cyb\AppData\Local\Programs\Thonny
< Back
Install
Cancel
6 按此鈕開始安裝

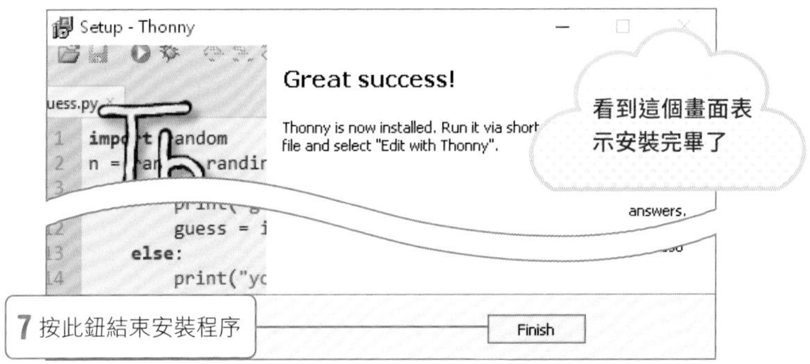
Setup - Thonny
Great success!
Thonny is now installed. Run it via short
file and select "Edit with Thonny".
看到這個畫面表示安裝完畢了
7 按此鈕結束安裝程序
Finish

開始寫第一行程式

完成 Thonny 的安裝後，就可以開始寫程式啦！

請按 Windows 開始功能表中的 **Thonny** 項目或桌面上的捷徑，開啟 Thonny 開發環境：

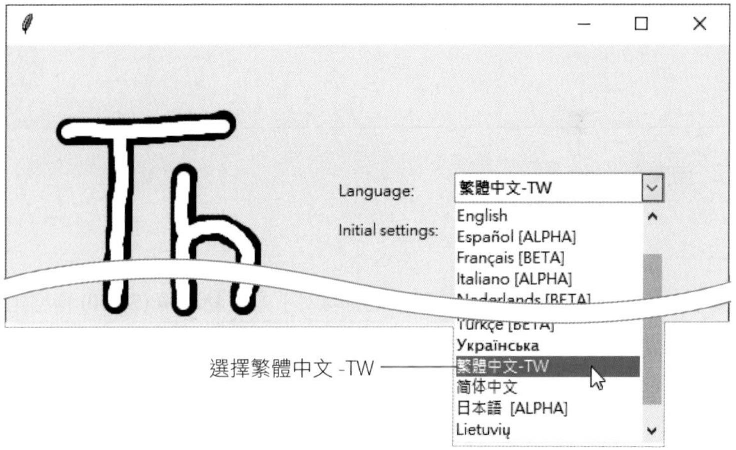
Language:
繁體中文-TW
Initial settings:
English
Español [ALPHA]
Français [BETA]
Italiano [ALPHA]
Українська
繁體中文-TW
简体中文
日本語 [ALPHA]
Lietuvių
選擇繁體中文 -TW

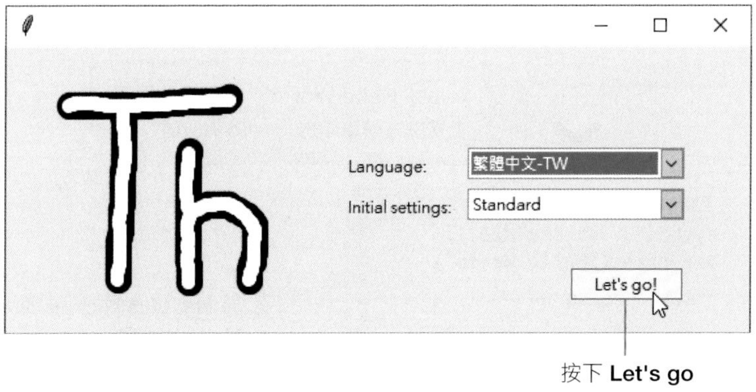
Language:
繁體中文-TW
Initial settings:
Standard
Let's go!
按下 Let's go

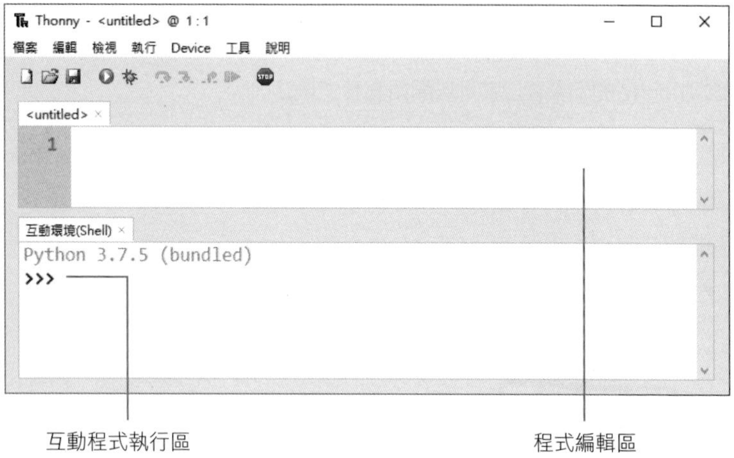
Thonny - <untitled> @ 1 : 1
檔案 編輯 檢視 執行 Device 工具 說明
<untitled>
1
互動環境(Shell)
Python 3.7.5 (bundled)
>>>
互動程式執行區
程式編輯區

Thonny 的上方是我們撰寫編輯程式的區域，下方**互動環境 (Shell)** 窗格則是互動程式執行區，兩者的差別將於稍後說明。請如下在 **Shell** 窗格寫下我們的第一行程式：

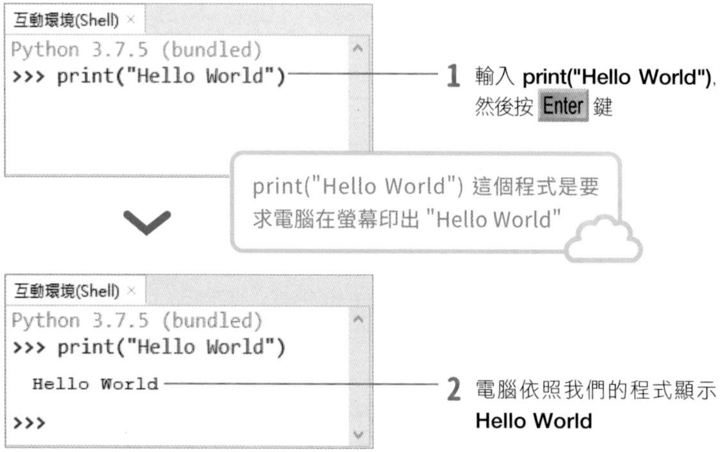
互動環境(Shell)
Python 3.7.5 (bundled)
>>> print("Hello World")
1 輸入 print("Hello World")，然後按 Enter 鍵
print("Hello World") 這個程式是要求電腦在螢幕印出 "Hello World"
互動環境(Shell)
Python 3.7.5 (bundled)
>>> print("Hello World")
Hello World
>>>
2 電腦依照我們的程式顯示 Hello World

寫程式其實就像是寫劇本，寫劇本是用來要求演員如何表演，而寫程式則是用來控制電腦如何動作。

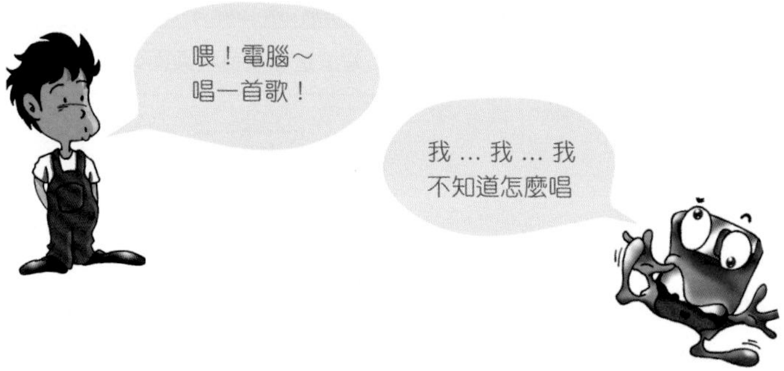
喂！電腦～
唱一首歌！
我 ... 我 ... 我
不知道怎麼唱

雖然說寫程式可以控制電腦，但是這個控制卻不像是人與人之間溝通那樣，只要簡單一個指令，對方就知道如何執行。您可以將電腦想像成一個動作超快，但是什麼都不懂的小朋友，當您想要電腦小朋友完成某件事情，例如唱一首歌，您需要告訴他這首歌每一個音是什麼、拍子多長才行。

所以寫程式的時候，我們需要將每一個步驟都寫下來，這樣電腦才能依照這個程式來完成您想要做的事情。

我們會在後面章節中，一步一步的教您如何寫好程式，做電腦的主人來控制電腦。

Python 程式語言

前面提到寫程式就像是寫劇本，現實生活中可以用英文、中文 ... 等不同的語言來寫劇本，在電腦的世界裡寫程式也有不同的程式語言，每一種程式語言的語法與特性都不相同，各有其優缺點。

Python 是由荷蘭程式設計師 Guido van Rossum 於 1989 年所創建，由於他是英國電視短劇 Monty Python's Flying Circus（蒙提．派森的飛行馬戲團）的愛好者，因此選中 **Python**（大蟒蛇）做為新語言的名稱，而在 Python 的官網 (www.python.org) 中也是以蟒蛇圖案做為標誌：

Python 是一個易學易用而且功能強大的程式語言，其語法簡潔而且口語化（近似英文寫作的方式），因此非常容易撰寫及閱讀。更具體來說，就是 Python 通常可以用較少的程式碼來完成較多的工作，並且清楚易懂，相當適合初學者入門，所以本書將會帶領您使用 Python 來控制硬體。

Thonny 開發環境基本操作

前面我們已經在 Thonny 開發環境中寫下第一行 Python 程式，本節將為您介紹 Thonny 開發環境的基本操作方式。

Thonny 上半部的程式編輯區是我們撰寫程式的地方：

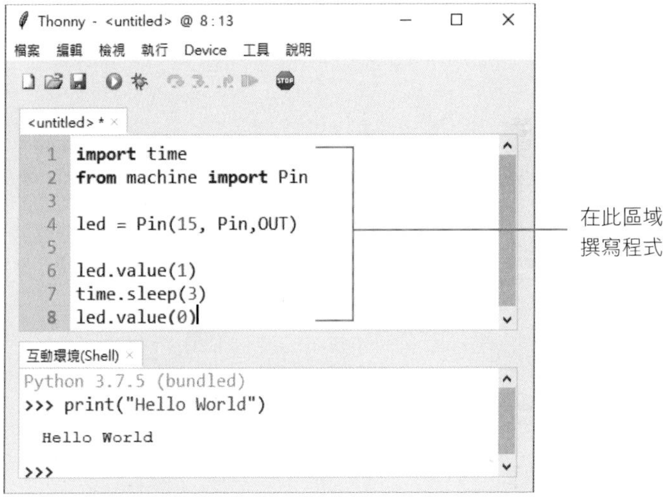

可以說，上半部程式編輯區類似稿紙，讓我們將想要電腦做的指令全部寫下來，寫完後交給電腦執行，一次做完所有指令。

而下半部 **Shell** 窗格則是一個交談的介面，我們寫下一行指令後，電腦就會立刻執行這個指令，類似老師下一個口令學生做一個動作一樣。

所以 **Shell** 窗格適合用來作為程式測試，我們只要輸入一句程式，就可以立刻看到電腦執行結果是否正確。

⚠ 本書後面章節若看到程式前面有 >>>，便表示是在 **Shell** 窗格內執行與測試。

若您覺得 Thonny 開發環境的文字過小，請如下修改相關設定：

如果覺得介面上的按鈕太小不好按，可以在設定視窗如下修改：

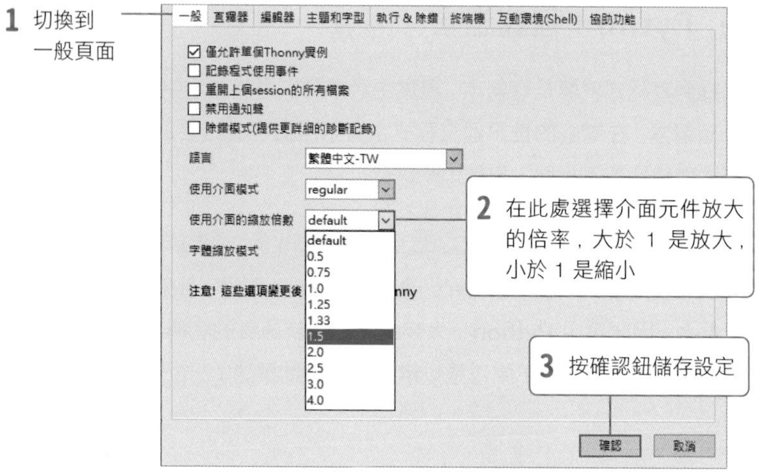

日後當您撰寫好程式，請如下儲存：

若要打開之前儲存的程式或範例程式檔，請如下開啟：

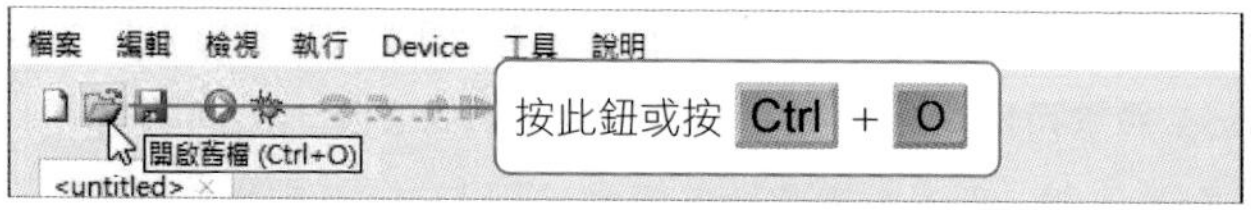

▲ 本套件範例程式下載網址：https://www.flag.com.tw/download.asp?FM629A。

如果要讓電腦執行或停止程式，請依照下面步驟：

5-3 Python 物件、資料型別、變數、匯入模組

物件

前面提到 Python 的語法簡潔且口語化，近似用英文寫作，一般我們寫句子的時候，會以主詞搭配動詞來成句。用 Python 寫程式的時候也是一樣，Python 程式是以『**物件**』(Object) 為主導，而物件會有『**方法**』(method)，這邊的物件就像是句子的主詞，方法類似動詞，請參見下面的比較表格：

寫作文章	寫 Python 程式	說明
車子	car	car 物件
車子向前進	car.go()	car 物件的 go 方法

物件的方法都是用點號 . 來連接，您可以將 . 想成『的』，所以 car.go() 便是 car 的 go() 方法。

方法的後面會加上括號 ()，有些方法可能會需要額外的資訊，假設車子向前進需要指定速度，此時速度會放在方法的括號內，例如 car.go(100)，這種額外資訊就稱為『**參數**』。若有多個參數，參數間以英文逗號 " , " 來分隔。

請在 Thonny 的 Shell 窗格，輸入以下程式練習使用物件的方法：

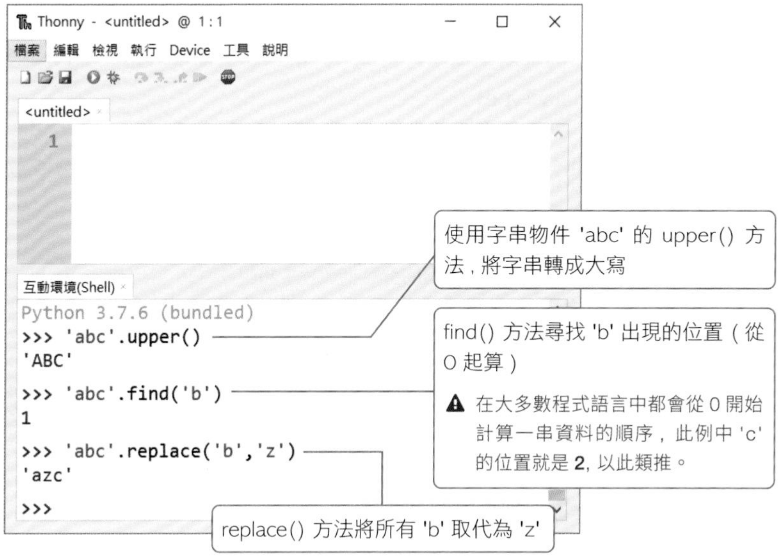
Thonny - <untitled> @ 1 : 1
檔案 編輯 檢視 執行 Device 工具 說明
<untitled>
互動環境(Shell)
Python 3.7.6 (bundled)
>>> 'abc'.upper()
'ABC'
>>> 'abc'.find('b')
1
>>> 'abc'.replace('b','z')
'azc'
>>>
使用字串物件 'abc' 的 upper() 方法，將字串轉成大寫
find() 方法尋找 'b' 出現的位置 (從 0 起算)
在大多數程式語言中都會從 0 開始計算一串資料的順序，此例中 'c' 的位置就是 2，以此類推。
replace() 方法將所有 'b' 取代為 'z'

▲ 不同的物件會有不同的方法，本書稍後介紹各種物件時，會說明該物件可以使用的方法。

資料型別

上面我們使用了字串物件來練習方法，Python 中只要用成對的 " 或 ' 引號括起來的就會自動成為字串物件，例如 "abc"、'abc'。

除了字串物件以外，我們寫程式常用的還有整數與浮點數 (小數) 物件，例如 111 與 11.1。所以數字如果沒有用引號括起來，便會自動成為整數與浮點數物件，若是有括起來，則是字串物件：

```
>>> 111 + 111          ← 整數相加
222

>>> '111' + '111'      ← 字串串接
'111111'
```

我們可以看到雖然都是 111，但是整數與字串物件用 + 號相加的動作會不一樣，這是因為其資料的種類不相同。這些資料的種類，在程式語言中我們稱之為『**資料型別**』(Data Type)。

寫程式的時候務必要分清楚資料型別，兩個資料若型別不同，便可能會導致程式無法運作：

```
>>> 111 + '111'    ← 不同型別的資料相加發生錯誤
  Traceback (most recent call last):
    File "<pyshell>", line 1, in <module>
  TypeError: unsupported operand type(s) for +: 'int' and 'str'
```

對於整數與浮點數物件，除了最常用的加 (+)、減 (-)、乘 (*)、除 (/) 之外，還有求除法的餘數 (%)、及次方 (**)：

```
>>> 5 % 2
1
>>> 5 ** 2
25
```

變數

在 Python 中，變數就像是掛在物件上面的名牌，幫物件取名之後，即可方便我們識別物件，其語法為：

```
變數名稱 = 物件
```

例如：

```
>>> n1 = 123456789   ← 將整數物件 123456789 取名為 n1
>>> n2 = 987654321   ← 將整數物件 987654321 取名為 n2
>>> n1 + n2          ← n1 + n2 實際上便是 123456789 + 987654321
1111111110
```

變數命名時只用**英**、**數字**及**底線**來命名，而且第一個字不能是數字。

▲ 其實在 Python 語言中可以使用中文來命名變數，但會導致看不懂中文的人也看不懂程式碼，故約定成俗地不使用中文命名變數。

內建函式

函式 (function) 是一段預先寫好的程式，可以方便重複使用，而程式語言裡面會預先將經常需要的功能以函式的形式先寫好，這些便稱為**內建函式**，您可以將其視為程式語言預先幫我們做好的常用功能。

前面第一章用到的 print() 就是內建函式，其用途就是將物件或是某段程式執行結果顯示到螢幕上：

```
>>> print('abc')    ← 顯示物件
  abc

>>> print('abc'.upper())    ← 顯示物件方法的執行結果
  ABC

>>> print(111 + 111)    ← 顯示物件運算的結果
  222
```

▲ 在 **Shell** 窗格的交談介面中，單一指令的執行結果會自動顯示在螢幕上，但未來我們執行完整程式時就不會自動顯示執行結果了，這時候就需要 print() 來輸出結果。

匯入模組

既然內建函式是程式語言預先幫我們做好的功能，那豈不是越多越好？理論上內建函式越多，我們寫程式自然會越輕鬆，但實際上若內建函式無限制的增加後，就會造成程式語言越來越肥大，導致啟動速度越來越慢，執行時佔用的記憶體越來越多。

為了取其便利去其缺陷，Python 特別設計了**模組** (module) 的架構，將同一類的函式打包成模組，預設不會啟用這些模組，只有當需要的時候，再用**匯入 (import)** 的方式來啟用。

模組匯入的語法有兩種，請參考以下範例練習：

```
>>> import time     ← 匯入時間相關的 time 模組
>>> time.sleep(3)    ← 執行 time 模組的 sleep() 函式, 暫停 3 秒

>>> from time import sleep   ← 從 time 模組裡面匯入 sleep() 函式
>>> sleep(5)    ← 執行 sleep() 函式, 暫停 5 秒
```

上述兩種匯入方式會造成執行 sleep() 函式的書寫方式不同，請您注意其中的差異。

5-4 安裝與設定 ESP32 控制板

剛剛我們練習寫的 Python 程式都是在個人電腦上面執行，因為個人電腦缺少對外連接的腳位，無法用來控制創客常用的電子元件，所以我們將改用 ESP32 這個小電腦來執行 Python 程式。

連接 ESP32

由於在開發 ESP32 程式之前，要將 ESP32 甕板插上 USB 連接線，所以請先將 USB 連接線接上 ESP32 的 USB 孔，USB 線另一端接上電腦：

接著在電腦左下角的開始圖示 ⊞ 上按右鈕執行『**裝置管理員**』命令 (Windows 10 系統)，或執行『**開始 / 控制台 / 系統及安全性 / 系統 / 裝置管理員**』命令 (Windows 7 系統)，來開啟裝置管理員，尋找 ESP32 板使用的序列埠：

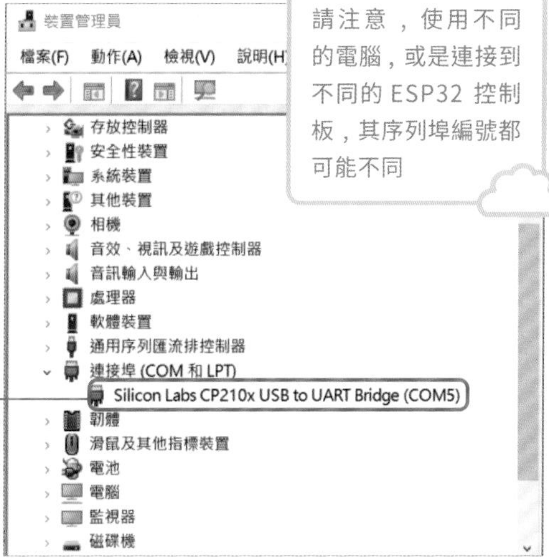

請注意，使用不同的電腦，或是連接到不同的 ESP32 控制板，其序列埠編號都可能不同

1 尋找並記下 ESP32 控制板使用的序列埠編號 (顯示的名稱是 Silicon Labs CP210x USB to UART Bridge, COM5 表示序列埠編號為 5)

找到 ESP32 使用的序列埠後，請如下設定 Thonny 連線 ESP32：

2 執行選單的『**工具 / 選項…**』命令，開啟設定視窗

3 切換到**直釋器**頁面

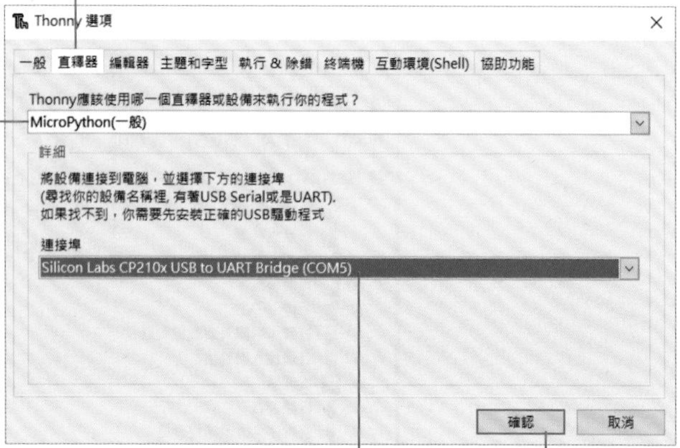

4 拉下選單選擇 **MicroPython(一般)**

5 拉下選單選擇剛剛記下的序列埠編號（Mac 上請選有 "/dev/cu.SLAB_USBtoUART" 字樣的項目）

6 按**確認**鈕儲存設定

▲ 步驟 2 中直釋器的 '釋' 為 Thonny 軟體中的錯字，正確應該為**直譯器**，直譯器是一種能夠把一句句程式轉成電腦動作的工具。

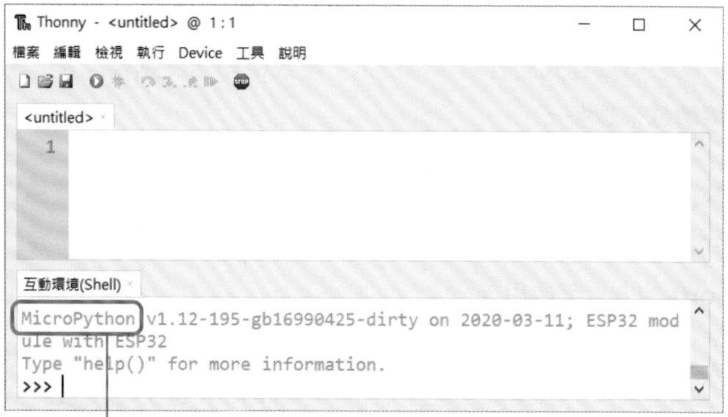

在**互動環境 (Shell)** 窗格看到 MicroPython 字樣便表示連線成功，若看不到請參見第 75 頁重新燒錄

▲ MicroPython 是特別設計的精簡版 Python, 以便在 ESP32 這樣記憶體較少的小電腦上面執行。

5-5 ESP32 的 IO 腳位以及數位訊號輸出

在電子的世界中，訊號只分為高電位跟低電位兩個值，這個稱之為**數位訊號**。在 ESP32 兩側的腳位中，標示為 D2~D34 (當中有跳過一些腳位) 的 25 個腳位，可以用程式來控制這些腳位是高電位還是低電位，所以這些腳位被稱為**數位 IO (Input/ Output) 腳位**。

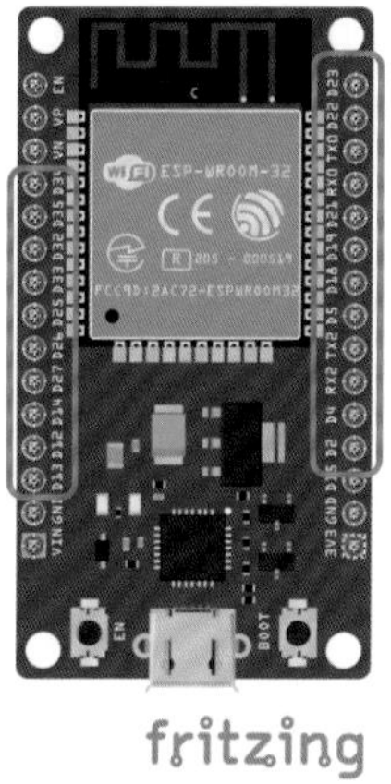

本章會先說明如何控制這些腳位進行數位訊號輸出，之後會說明如何讓這些腳位輸入數位訊號。

在程式中我們會以 1 代表高電位，0 代表低電位，所以等一下寫程式時，若設定腳位的值是 1，便表示要讓腳位變高電位，若設定值為 0 則表示低電位。

有些 ESP32 的腳位標示並不是以 D 為開頭，例如：後面章節會使用到 VP 腳位，其編號可以參見右圖紅色圈圈裡的數字：

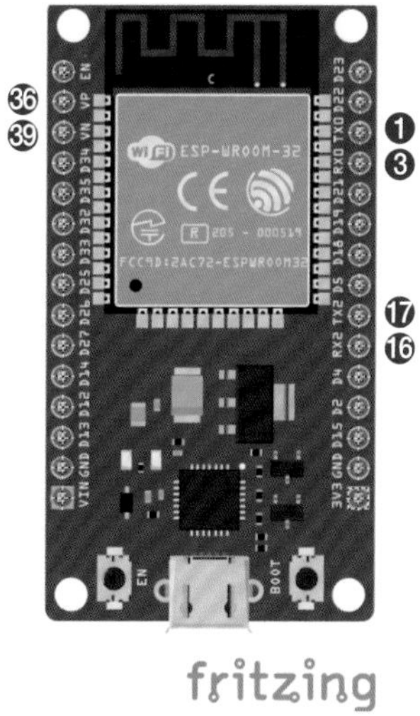

▲ 寫程式時需要寫對編號才能正常運作喔！

5-6 認識振動馬達

目前已經完成安裝與設定工作，接下來我們就可以使用 Python 開發 ESP32 程式了。

由於第 2 章已經完成手把的組裝，所以現在開始來了解每一個電子零件，以便真正的了解手把。首先來認識**振動馬達**：

振動馬達

振動馬達共有 3 個接腳，分別是 GND、VCC、IN。VCC 和 GND 代表振動馬達的電源；IN 代表**訊號**，只要給它『高電位』，馬達就會振動，反之給它『低電位』就不會振動。

▲ IN 腳位的電位高低可以影響馬達是否振動，所以可以使用 ESP32 的數位 IO 腳位提供電位來控制振動馬達，下面就一起來試試看吧！

Lab04 啟動振動馬達

實驗目的	熟悉 Thonny 開發環境的操作，並啟動振動馬達。
開發環境	Thonny

當我們需要控制 ESP32 腳位的時候，需要先從 machine 模組匯入 Pin 物件：

```
>>> from machine import Pin
```

前面組裝手把時已經將振動馬達的訊號線接到 D25 上，請如下以 25 號腳位建立 Pin 物件：

```
>>>  motor = Pin(25, Pin.OUT)
```

上面建立了 25 號腳位的 Pin 物件，並且將其命名為 motor, 因為建立時第 2 個參數使用了 "Pin.OUT", 所以 25 號腳位就會被設定為輸出腳位。

然後即可使用 value() 方法來指定腳位電位高低：

```
>>>  motor.value(1)       ← 讓馬達振動
>>>  motor.value(0)       ← 讓馬達停止
```

最後，我們希望讓馬達不斷的切換是否振動，所以使用 Python 的 while 迴圈，讓馬達持續振動和停止。

軟體補給站 Python 流程控制 (while 迴圈)

while 條件式：

    程式區塊

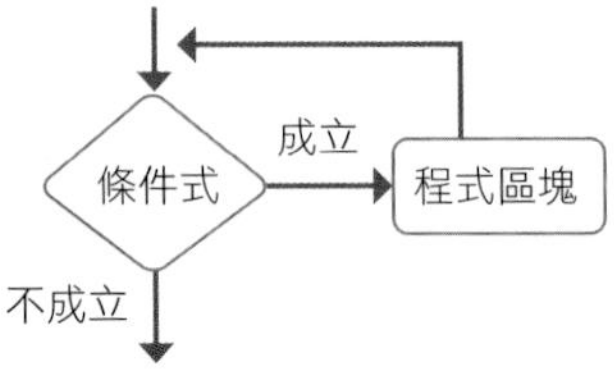
條件式
成立
程式區塊
不成立

while 會先對條件式做判斷，如果條件成立，就執行程式區塊，然後再回到 while 做判斷，如此一直循環到條件式不成立時，則結束迴圈。

寫單晶片程式時，常常需要程式不斷的重複執行，這時可以使用 **while True** 語法來達成。前面提到 while 後面需要接**條件式** (例：while 3>2), 而條件式本身成立時，會回傳 **True(1)**, 所以 while True 代表條件式不斷成立，程式區塊會不斷重複執行。

```
>>>  while True:                 # 一直重複執行
>>>      motor.value(1)          # 啟動振動馬達
>>>      time.sleep(0.5)         # 暫停 0.5 秒
>>>      motor.value(0)          # 停止振動馬達
>>>      time.sleep(0.5)         # 暫停 0.5 秒
```

while 的條件式後需要加上冒號『：』, 冒號後面的程式區塊需要內縮，一般慣例會以『4 個空隔』做為內縮的隔數。

程式設計

請在 Thonny 開發環境上半部的程式編輯區輸入以下程式碼，輸入以下程式碼，輸入完畢後請按 Ctrl+S 儲存檔案：

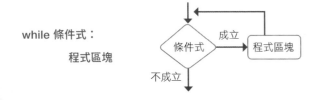

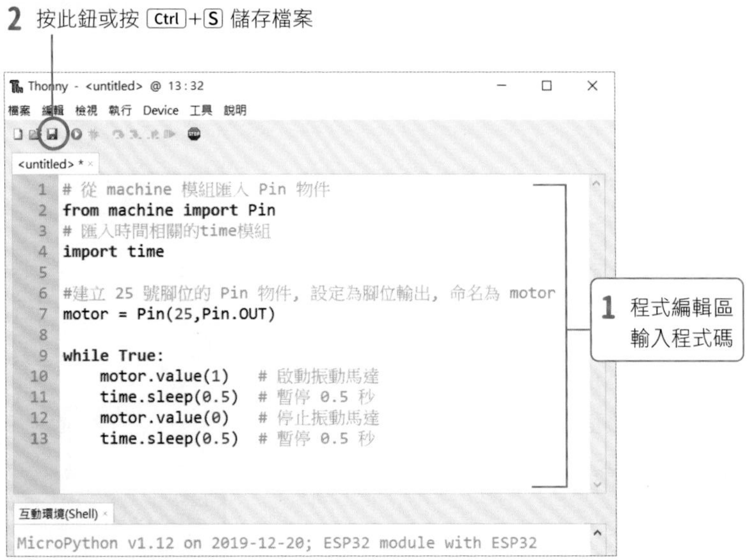
2 按此鈕或按 Ctrl+S 儲存檔案
Thonny - <untitled> @ 13:32
檔案 編輯 檢視 執行 Device 工具 說明
<untitled> *
# 從 machine 模組匯入 Pin 物件
from machine import Pin
# 匯入時間相關的time模組
import time
#建立 25 號腳位的 Pin 物件, 設定為腳位輸出, 命名為 motor
motor = Pin(25,Pin.OUT)
while True:
motor.value(1) # 啟動振動馬達
time.sleep(0.5) # 暫停 0.5 秒
motor.value(0) # 停止振動馬達
time.sleep(0.5) # 暫停 0.5 秒
互動環境(Shell)
MicroPython v1.12 on 2019-12-20; ESP32 module with ESP32
1 程式編輯區輸入程式碼

▲ 程式裡面的 # 符號代表註解，# 符號後面的文字 Python 會自動忽略不會執行，所以可以用來加上註記解說的文字，幫助理解程式意義。輸入程式碼時，可以不必輸入 # 符號後面的文字。

3 選擇本機

▲ 若看不到本機的字樣，可以直接點選兩個方框中位於上方的方框。

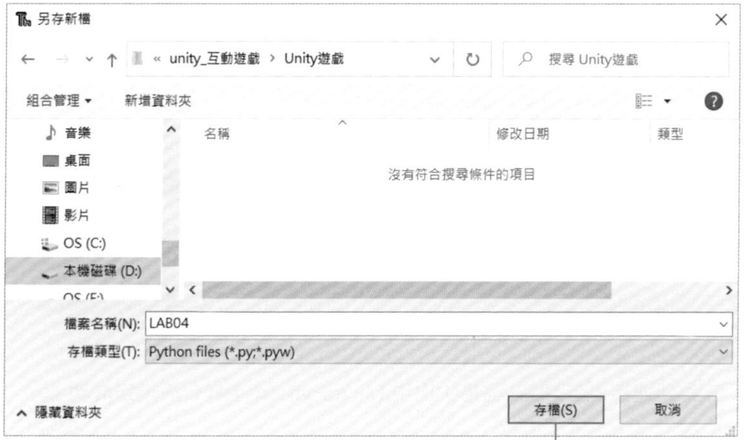

4 輸入檔名後按存檔鈕儲存

實測

請按 F5 執行程式，即可感受到馬達不斷循環振動 0.5 秒、停止 0.5 秒。

▲ 如果想要讓程式在 ESP32 開機自動執行，請在 Thonny 開啟程式檔後，執行功能表的『檔案 / 儲存副本⋯』命令後點選 MicroPython 設備，在 File name: 中輸入 main.py 後按 OK。若想要取消開機自動執行，請儲存一個空的同名程式即可。

軟體補給站 安裝 MicroPython 到 ESP32 控制板

如果你從市面上購買新的 ESP32 控制板，預設並不會幫您安裝 MicroPython 環境到控制板上，請依照以下步驟安裝：

1. 請依照第 2 章的**測試電路**中下載安裝 ESP32 控制板驅動程式，並檢查連接埠編號。

2. Thonny 功能表點選**工具 / 選項 / 直釋器**，選擇 **MicroPython (ESP32)** 選項，**連接埠**選擇**裝置管理員**中顯示的埠號，筆者的是 **COM 5**, 之後按下**開啟對話框，安裝或升級設備 ...** 按鈕。

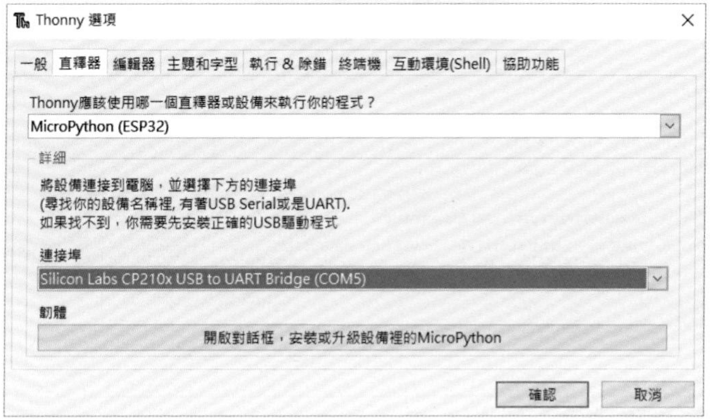

3. MicroPython 韌體位於『FM629A_Files/Firmware』資料夾中，檔名為『esp32-idf3-20191220-v1.12.bin』

4. 選擇 Port 以及資料夾內的 MicroPython 韌體的路徑後按下 **Install**, 燒錄完畢按下確認。

▲ 按下 **Install** 前請先按住 ESP32 控制板上的 **BOOT 鍵**，否則韌體有機會安裝失敗

NEXT

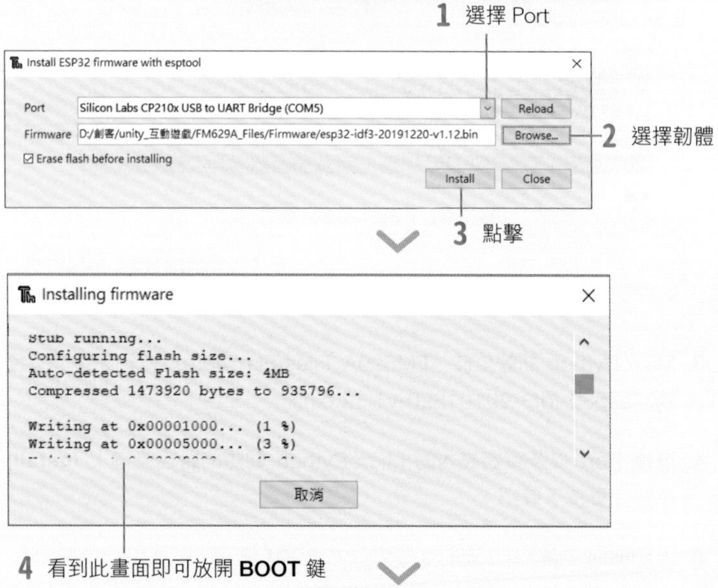

NEXT

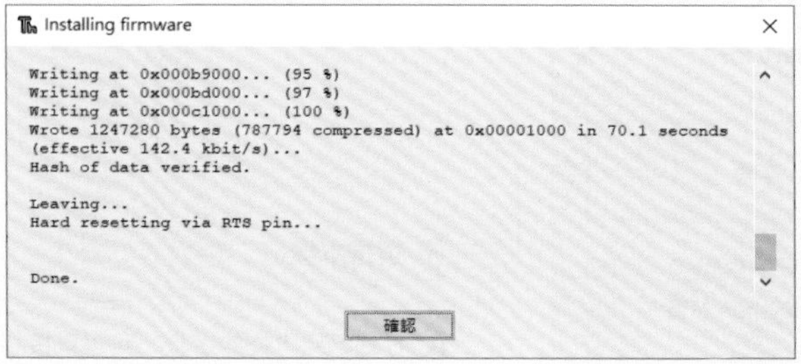

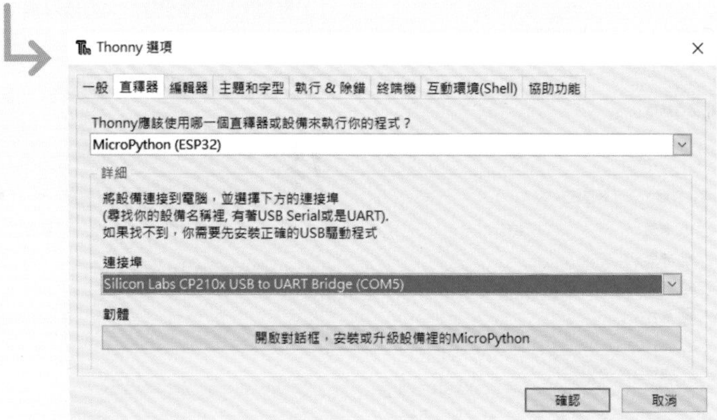

5. 重新連接後若 Shell 窗格中出現 MicroPython 字樣代表燒錄成功。

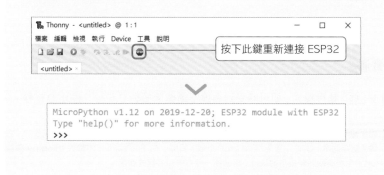

```
MicroPython v1.12 on 2019-12-20; ESP32 module with ESP32
Type "help()" for more information.
>>>
```

CHAPTER

06

Unity × 微控制器

了解『Unity』和『微控制器』後，就準備將兩者結合囉！後續的實驗會交替 Unity 遊戲設計以及微控制器硬體控制，並且互相搭配，達到虛實整合的效果。

6-1 Unity 與微控制器的連接

前一章控制振動馬達時，使用 USB 線連接 ESP32 和電腦，並在 Thonny 執行寫好的程式。Unity 和 ESP32 也可以使用 USB 線互相傳送資料，因此可以在遊戲中控制振動馬達。

Lab05 從 Unity 控制振動馬達

實驗目的	學習 Unity 和 ESP32 的連接方式，並讀取鍵盤值來控制振動馬達。

實驗架構圖

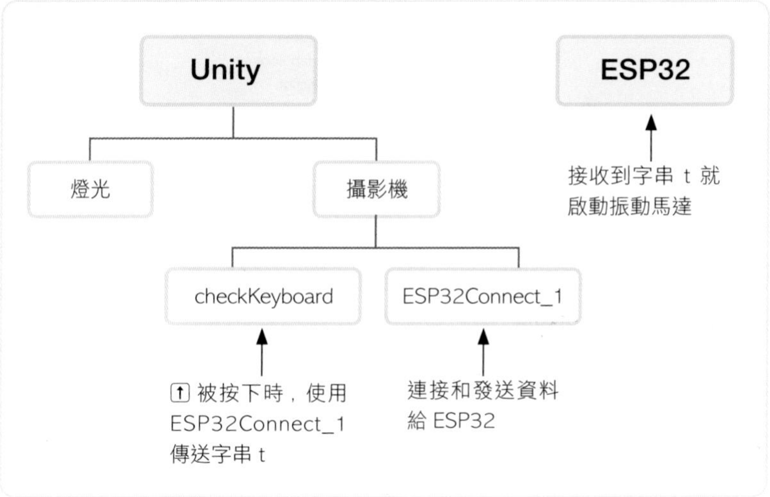

實驗原理

Unity

Unity 並不像是 Thonny 有做好的使用者介面來選擇**序列埠** (P.72)，而是要自己寫腳本讓兩者連接。

匯入函式庫

使用 Unity 腳本連接**序列埠**，需要匯入函式庫『System.IO.Ports』:

Visual studio

```
using System.IO.Ports;
```

匯入函式庫前，需要先更改設定：

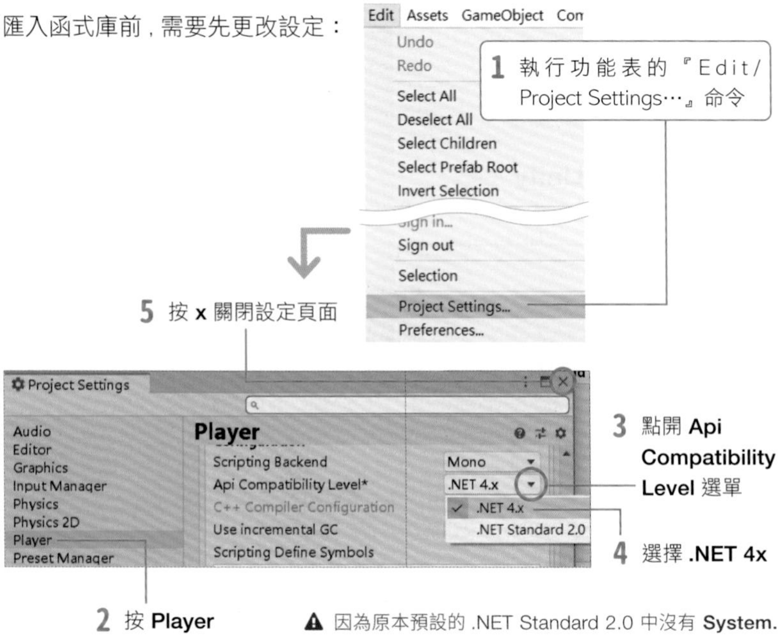

▲ 因為原本預設的 .NET Standard 2.0 中沒有 **System.IO.Ports**，所以需要更改成 .NET 4.x。

建立序列埠物件

只要將 **System.IO.Ports** 函式庫匯入，即可建立序列埠物件：

Visual studio

```
SerialPort sp;
```

在建立序列埠物件時還需要指定『序列埠編號』和『鮑率』:

Visual studio

```
sp = new SerialPort(序列埠編號, 鮑率)
```

『序列埠編號』就是前一章查看的編號 (P.71)；『鮑率』代表兩個裝置間的**資料傳輸速率**，如果兩者設定的速率不一，會導致資料傳送錯誤，ESP32 預設的鮑率為 115200，所以序列埠物件的鮑率也要設定為 115200。

最後要決定序列埠的**超時時間**，只要在指定時內沒有接收到序列埠傳送來的資訊，就會報錯誤：

```
sp.ReadTimeout = 500;        // 設定超時時間(單位為毫秒)
```

傳送資料

使用序列埠物件的 **Write()** 函式即可傳送資料：

Visual studio

```
sp.Write(資料)              // 序列埠傳送資料
```

將要傳送的**字串 t** 當作 Write() 函式的參數即可傳送至 ESP32。

中斷序列埠連線

在遊戲開始時，要先連接序列埠才能傳送資料；而在遊戲結束時，則需要中斷序列埠連線。

Unity 在遊戲結束時，會執行 OnApplicationQuit() 函式：

Visual studio

```
void OnApplicationQuit()
{
}
```

在此區塊內就可以加入需要在遊戲結束時執行的程式。中斷序列埠可以使用 Close() 函式：

Visual studio

```
Sp.Close()                    // 中斷序列埠連線
```

讀取鍵盤值

此實驗會在按下 ↑ 鍵時啟動振動馬達，所以需要讀取鍵盤值：

Visual studio

```
Input.GetKeyDown("up")     //按下 ↑ 得到 true, 沒按時得到 false
```

Input.GetKeyDown() 參數為**要偵測的按鍵**，填入 "up" 就會檢查 ↑ 有沒有被按下。

▲ 其他按鍵對應的名稱可以參考 Unity 官網：

使用其他腳本內的函式

本實驗會建立 2 種功能的腳本，一個是**讀取鍵盤**，另一個是**連接 ESP32**。當『讀取鍵盤』腳本判斷按下 ↑ 時，就使用『連接 ESP32』腳本的函式來傳送資料。

在 Unity 中，自己撰寫的腳本也是一種元件，所以與第 4 章一樣，可以直接使用 **GetComponent** 來取得元件，並使用其功能，**但請注意兩個腳本需要放在同一個物件下**。

ESP32

ESP32 要在接收到 Unity 傳送來的 t 時振動馬達，這需要先匯入 **select 模組**，再利用其 **pool 類別**建立偵測是否有收到新資料的物件：

Thonny

```
import select           # 匯入 select 模組
p = select.pool()       # 建立一個偵測事件的物件
```

物件建立好後，設定要偵測**序列埠的輸入**：

Thonny

```
import sys                  # 匯入 sys 模組
p.register(sys.stdin)       # 偵測序列埠輸入
```

sys.stdin 代表控制板的預設輸入裝置，也就是**序列埠**。

接下來就可以使用 **p.poll** 函式檢查是否有收到資料：

Thonny
```
p.poll(0)     # 測試是否有資料待讀取，參數表示等待數毫秒
```

poll 的參數表示**等待的時間**，傳入 0 表示若檢查沒有新資料，就立刻往下一行程式，不等待。

若有收到新資料，可以使用 **read()** 函式讀取資料：

Thonny
```
ch = sys.stdin.read(1)     # 讀出資料的第 1 個字元
```

Unity 操作

1 在 Scenes 資料夾下建立場景 **LAB05**，並更換至此場景：

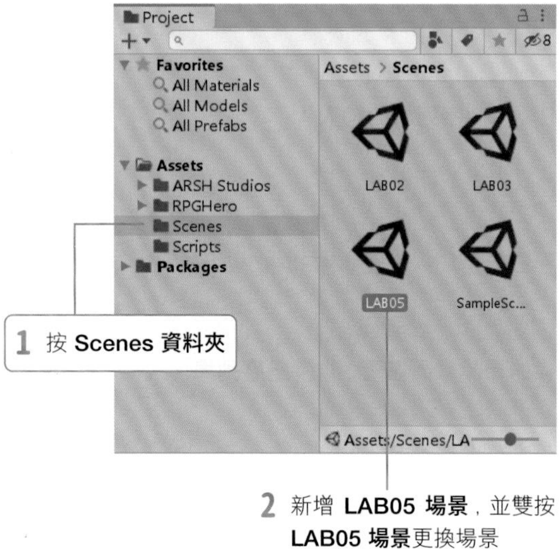

1 按 **Scenes 資料夾**
2 新增 **LAB05 場景**，並雙按 **LAB05 場景**更換場景

2 新增 2 個腳本，一個讀取鍵盤按鍵；另一個連接 ESP32：

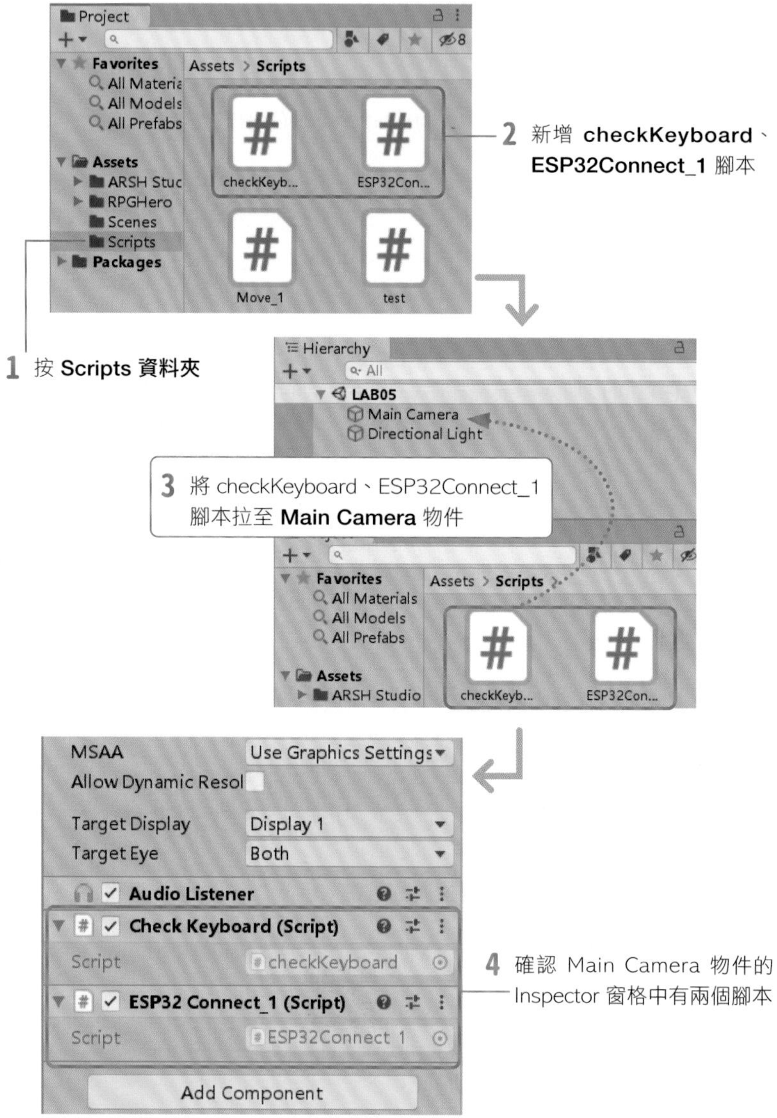

1 按 **Scripts 資料夾**
2 新增 **checkKeyboard**、**ESP32Connect_1** 腳本
3 將 checkKeyboard、ESP32Connect_1 腳本拉至 **Main Camera** 物件
4 確認 Main Camera 物件的 Inspector 窗格中有兩個腳本

程式設計

Unity

雙按 ESP32Connect_1 腳本：

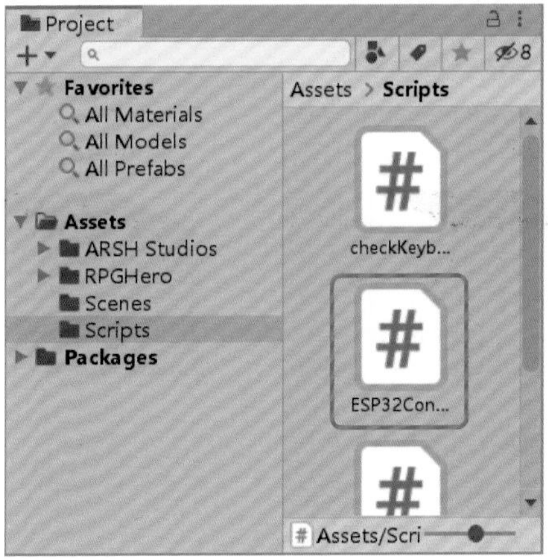

ESP32Connect_1 連接 ESP32 Visual studio

```
using System.Collections;
using System.Collections.Generic;
using UnityEngine;
using System.IO.Ports;

public class ESP32Connect_1 : MonoBehaviour
{
    private SerialPort sp;            // 宣告 序列埠 變數
    public string port;               // 宣告 序列埠編號 變數

    // Start is called before the first frame update
    void Start()
    {
```

NEXT

```
        if (port != "")
        {
            // 設定序列埠編號及鮑率
            sp = new SerialPort(port, 115200);
            sp.ReadTimeout = 500;
            try                                  // 嘗試連接
            {
                sp.Open();                       // 序列埠開啟
                Debug.Log("與 ESP32 連接成功");
            }
            catch
            {
                Debug.Log("與 ESP32 連接失敗");
            }
        }
    }

    // Update is called once per frame
    void Update()
    {

    }

    // 序列埠傳送
    public void SpWrite(string message)
    {
        try
        {
            sp.Write(message);                   // 傳送訊息
        }
        catch (System.Exception e)               // 程式有錯誤
        {
            Debug.LogWarning(e.Message);         // 顯示錯誤訊息
        }
    }

    // unity 結束時，關閉與 ESP32 之間的連接
    void OnApplicationQuit()
```

NEXT

```
52:         {
53:             if (sp != null)             // 如果有序列埠編號
54:             {
55:                 if (sp.IsOpen)          // 如果序列埠開啟
56:                 {
57:                     Debug.Log("與 ESP32 斷開連接");
58:                     sp.Close();         // 序列埠關閉
59:                 }
60:             }
61:
62:         }
63: }
```

- 第 4 行：匯入 System.IO.Ports 函式庫
- 第 8-9 行：建立字串變數存放序列埠編號和建立序列埠物件
- 第 16-27 行：連接序列埠。如果連接上則會開啟序列埠並顯示連接成功；否則顯示連接失敗
- 第 38-48 行：傳送資料的函式
- 第 51-62 行：當遊戲結束時，會觸發此函數來關閉序列埠

軟體補給站

try-catch 例外處理

例外處理可以處理一些程式碼的錯誤情況。例外處理分為 2 個區塊：『try 區塊』和『catch 區塊』，將程式碼放入 try 區塊，當 try 區塊發生錯誤時，就會執行 catch 區塊的程式。

軟體補給站

public、private

在 **ESP32Connect_1 腳本**中第 8、9 行是由『public』和『private』開頭，而這兩者分別代表**開放**和**不開放**給其他腳本使用，只要是『public』宣告的變數，在其他腳本中就可以使用，反之其他腳本就不能使用 private 宣告的變數或方法。

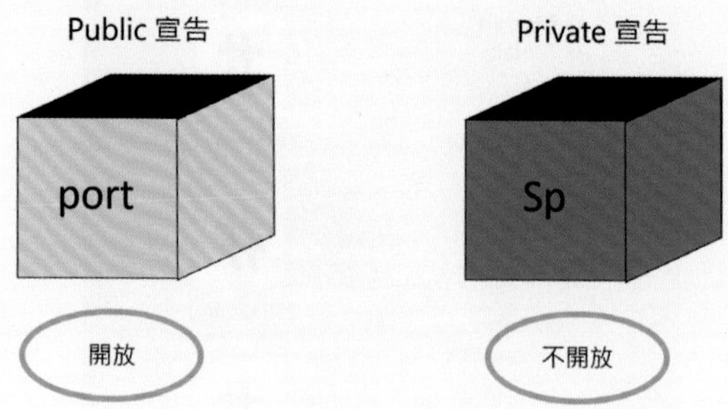

雙按 checkKeyboard 腳本：

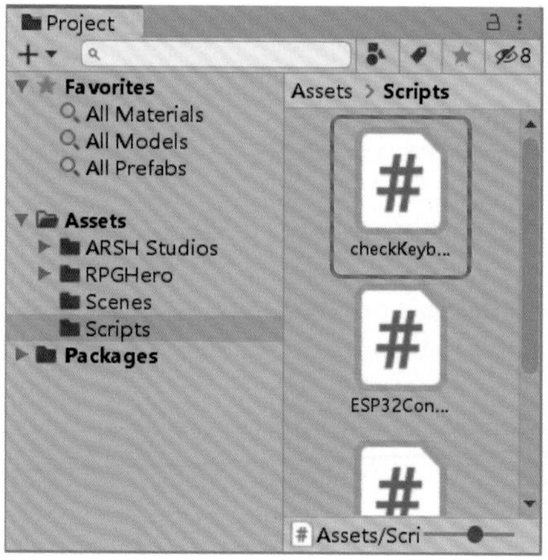

checkKeyboard **讀取鍵盤值** Visual studio

```
01: using System.Collections;
02: using System.Collections.Generic;
03: using UnityEngine;
04:
05: public class checkKeyboard : MonoBehaviour
06: {
07:     ESP32Connect_1 ESP32connect;  // 宣告 連接 ESP32 變數
08:
09:     // Start is called before the first frame update
10:     void Start()
11:     {
12:         // 取得元件
13:         ESP32connect = GetComponent<ESP32Connect_1>();
14:     }
15:
16:     // Update is called once per frame
17:     void Update()
18:     {
19:         if (Input.GetKeyDown("up"))     // 如果按下 ↑
20:         {
21:             ESP32connect.SpWrite("t");  // 傳送字串 t
22:             Debug.Log("按下 上鍵");
23:         }
24:     }
25: }
```

- 第 13 行：藉由 GetComponent<>() 取得 ESP32Connect_1 腳本的元件。
- 第 19-23 行：判斷 ↑ 鍵是否被按下，如果是，則傳送字串 t。

在 Visual studio 寫完程式後，請按下 Ctrl+S 儲存。

ESP32

LAB05.py **Unity 控制振動馬達** Thonny

```
01: from machine import ADC, Pin
02: import time
03: import sys
04: import select
05:
06: p = select.poll()          # 建立一個偵測事件的物件
07: p.register(sys.stdin)      # 偵測序列埠輸入
08:
09: shack = Pin(25, Pin.OUT)
10:
11: # 接收值並啟動振動馬達
12: def Hit():
13:     while p.poll(0):               # 測試是否有資料待讀取
14:         ch = sys.stdin.read(1)     # 讀取資料 1 個字元
15:
16:         if(ch=='t'):               # 如果接收到 t
17:             shack.value(1)
18:             time.sleep(0.2)
19:             shack.value(0)
20:
21: while True:
22:     Hit()
```

- 第 12-19 行：只要序列埠接收到 t, 即啟動振動馬達 0.2 秒。

輸入完上面的程式請儲存在**本機**，名為 **LAB05.py**。

測試遊戲

1 將 LAB05.py 儲存副本到 ESP32 中，並命名為 **main.py**：

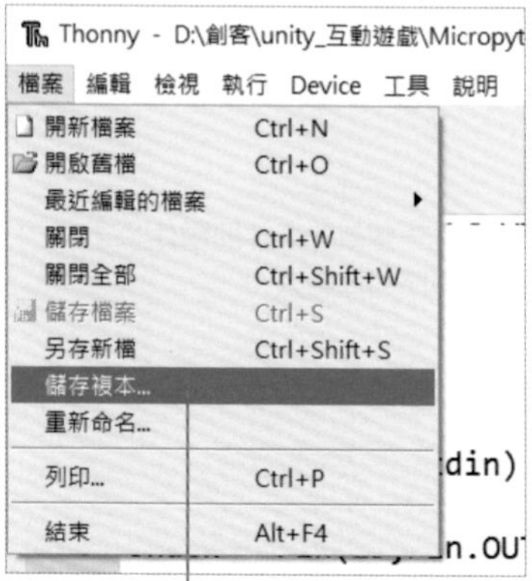

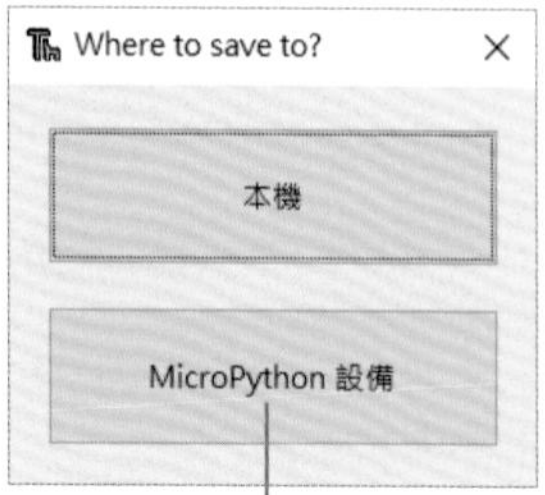

1 執行 Thonny 功能表的**檔案 / 儲存副本**⋯命令

2 按 **MicroPython 設備**

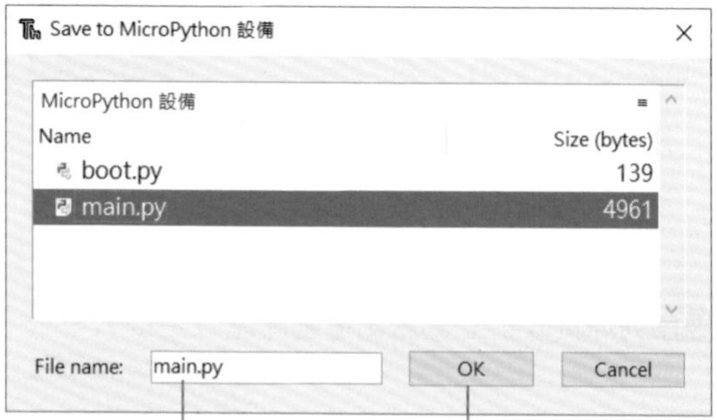

3 輸入 **main.py**

4 按 **OK**

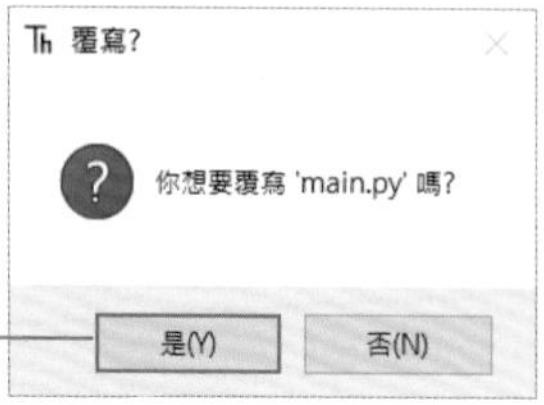

5 按**是 (Y)**

2 斷開 ESP32 與 Thonny 的連線：

將 ESP32 與電腦連接的 USB 線拔掉，再重新接上：

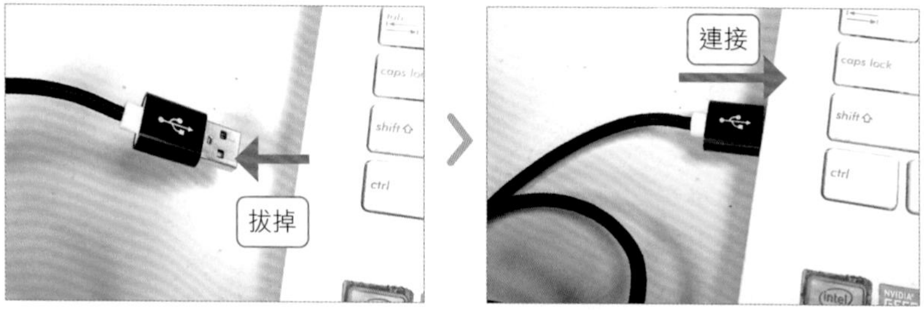

USB 線拔掉的時候，ESP32 就會與 Thonny 中斷連線，接下來重新接上是為了與 Unity 連線。

▲ Thonny 在連接 ESP32 時會占用序列埠，導致 Unity 無法連接 ESP32。因此要先與 Thonny 中斷連線，斷線後就無法使用 Thonny 執行程式，所以將要執行的程式命名為 **main.py** 並存到 ESP32 中，因為 MicroPython 會在 ESP32 重新啟動時執行 main.py，以此來解決無法使用 Thonny 的問題。

3 Unity 填入序列埠編號：

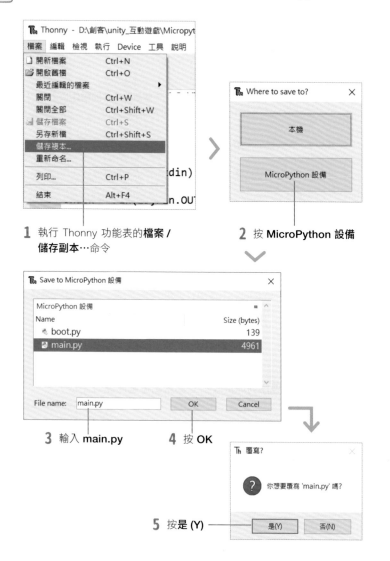

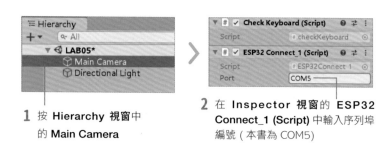

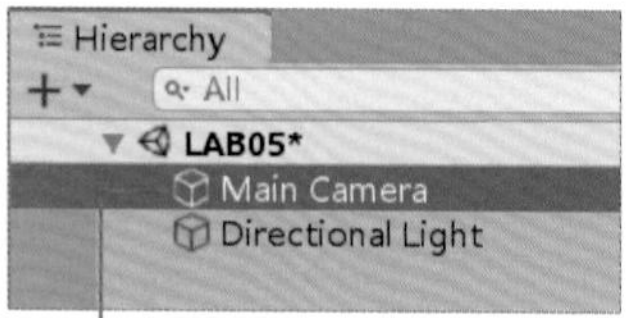

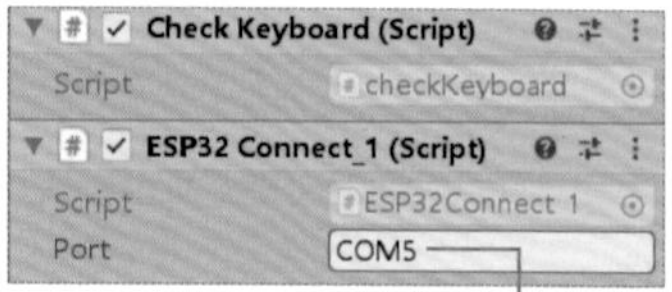

1 按 **Hierarchy 視窗**中的 **Main Camera**

2 在 **Inspector 視窗**的 **ESP32 Connect_1 (Script)** 中輸入序列埠編號（本書為 COM5）

▲ 只要是由 public 開頭的變數都會顯示於腳本中。因此 ESP32 Connect_1 (Script) 才會顯示 **Port**。上面的動作代表將 "COM5" 指定給 Port 變數。

4 執行遊戲：

按**執行**

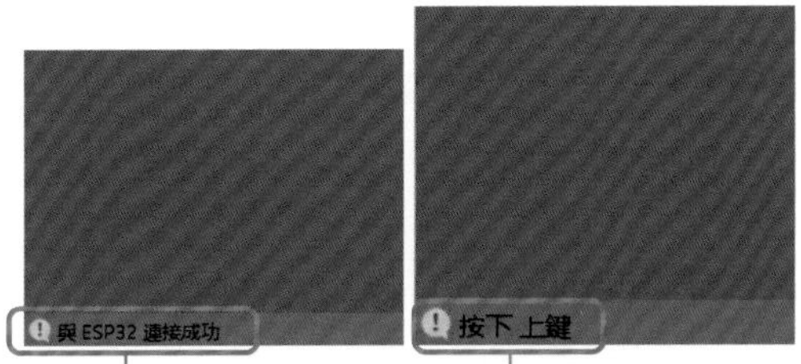

Unity 視窗左下角顯示**與 ESP32 連接成功**

按下 [↑]，即可看到 Unity 視窗左下角顯示**按下 上鍵**，並且啟動振動馬達 0.2 秒

5 結束遊戲

再次按**執行**即可結束遊戲：

Unity 視窗左下角顯示**與 ESP32 斷開連接**

6-2 物理引擎

物理引擎 (Physics) 可以讓 Unity 的物體做出物理性動作，像是『重力』、『摩擦力』和『碰撞』…等，使遊戲中的物體更接近現實。接下來將使用**物理引擎**中的 2 種元件『Collider』、『Rigidbody』來做出更逼真的遊戲。

Collider

Collider 在 Unity 中負責**物體的碰撞判定**。只要將 Collider 元件放入物件中，物件就可以偵測是否產生碰撞。

Rigidbody

Rigidbody 在 Unity 中負責**力的運算**，包含『重力』、『摩擦力』、『扭力』和『推力』…等。只要將 **RigidBody** 元件放入物件中，就可以在物體上使用各種力。

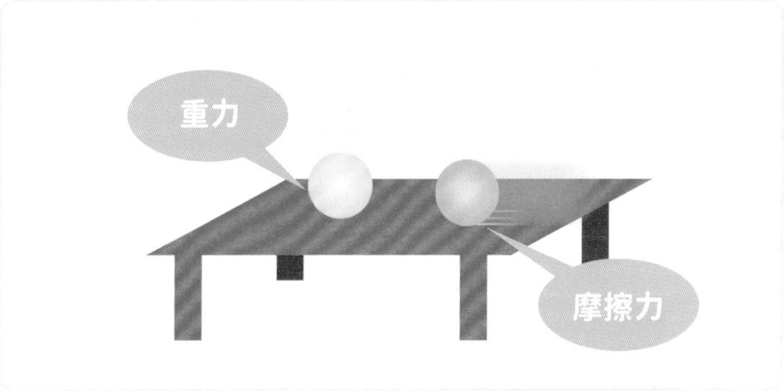

Lab06 物體碰撞

實驗目的 讓遊戲中的物件相撞，並在 Console 視窗顯示『hit』。

實驗架構圖

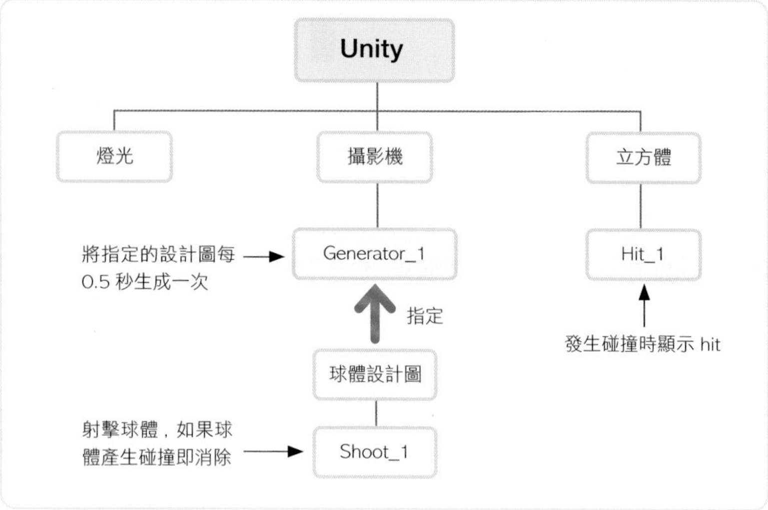

實驗原理

遊戲執行後，會不斷發射『球體』撞擊『立方體』，當產生撞擊時**球體會消失**並**顯示『hit』字樣**：

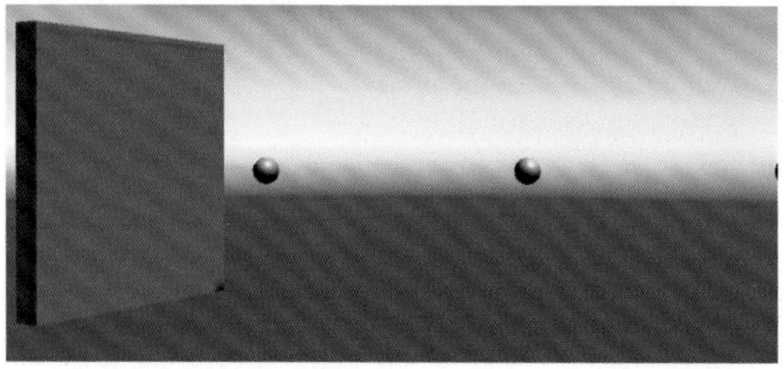

前面提過，遊戲裡的每一個東西都是物件，但要無限產生球體時，不可能手動建立所有物件，這時就需要建立一個腳本，其功能就像是**工廠**一樣，只要給它**物件的設計圖**，就可以不斷產生物件。

工廠和設計圖

『工廠腳本』的功能為製作設計圖的物件，而『設計圖』就需要包含物件的各種屬性：

▲ 設計圖在 Unity 中名為 **Prefab**。

只要有了設計圖後，就可以使用 Instantiate() 函式將設計圖實體化：

Visual studio

```
Instantiate(設計圖物件)    // 將設計圖的物件實體化
```

物體碰撞

物件內有 Collider 元件就可以偵測是否產生碰撞，需要碰撞的物件**都必須**包含 Collider 元件才行：

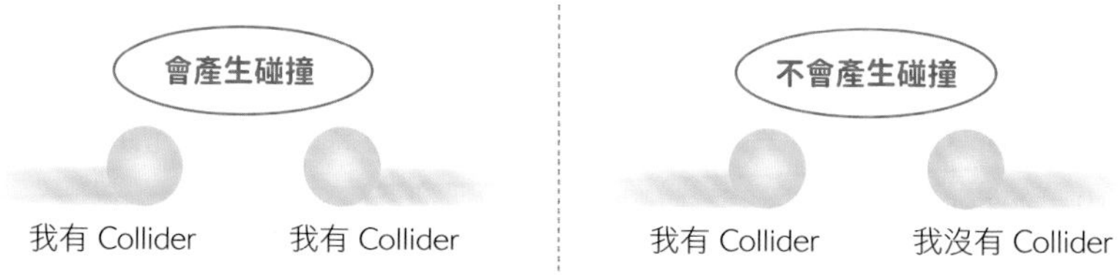

Collider 元件有分成多種類型，下面實驗會使用到其中 2 種：

名稱	中文名稱	圖示
Box Collider	方塊碰撞體	
Sphere Collider	球型碰撞體	

球體要使用 Sphere Collider、立方體則要使用 Box Collider。只要將 Collider 加到物件中，Collider 就會根據物件的大小自行調整：

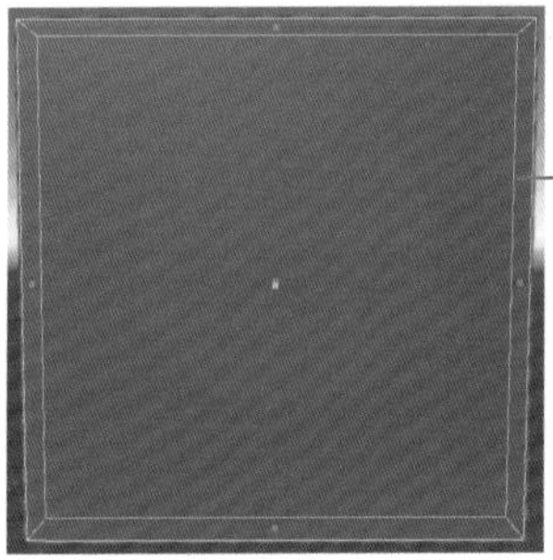

綠色框框代表 Box Collider 的範圍，與立方體大小一樣

⚠ Unity 預設的 Cube 物件和 Sphere 物件已經分別內建 Box Collider 和 Sphere Collider, 所以不需要自己手動增加。

當物件都包含了 Collider 元件並且勾選元件中的選項 **Is Trigger**, 就會在碰撞到的瞬間執行 OnTriggerEnter() 函式：

Visual studio

```
public void OnTriggerEnter(Collider other)  // 物體產生碰撞
{
    Debug.Log("hit");                        // 顯示"hit"
```

發射球體

在遊戲中，會不斷使用工廠腳本建立球體物件，並且發射去撞擊立方體，而發射球體的動作則會使用到 **Rigidbody 元件的 AddForce() 函式**：

Visual studio

```
AddForce(施力方向)
```

AddForce() 函式就像使用力量去推動物件，因此物件會根據力的方向和力道影響路徑：

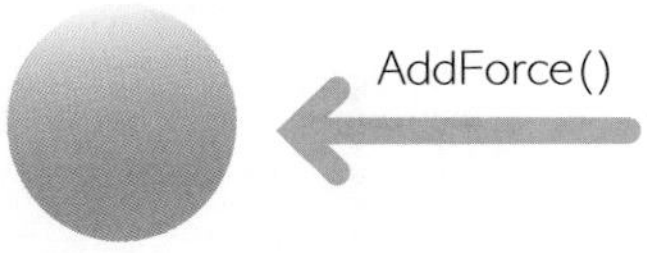

因為只需要在物件產生時給它力量，所以將 AddForce() 放在腳本的 **Start() 區塊**即可。

消除物件

當球體和立方體產生碰撞時，會觸發 OnTriggerEnter() 函式，這時只要使用 Destroy() 函式即可消除物件：

Visual studio

```
public void OnTriggerEnter(Collider other)  // 物體產生碰撞
{
    Destroy(gameObject);                     // 消除物件
}
```

⚠ **gameObject 代表該腳本所屬的物件**。例將腳本放入 Main Camera 物件，那腳本中的 gameObject 就代表 Main Camera。

Unity 操作

1 建立 LAB06 場景：

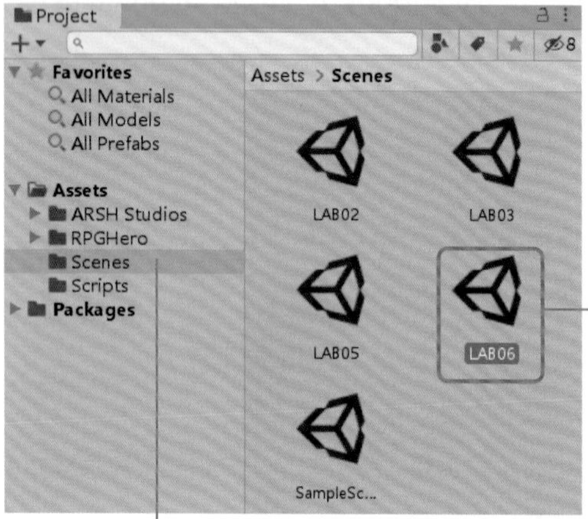

2 新增 **LAB06 場景**，並切換場景

1 按 **Scenes 資料夾**

2 新增立方體：

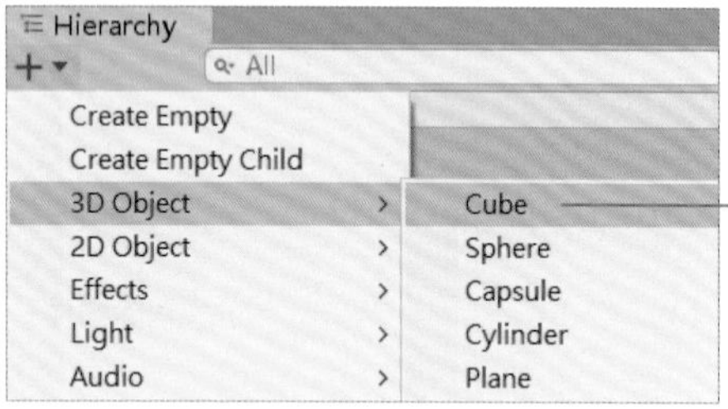

1 按 **Hierarchy 視窗**的 **3D Object/Cube**

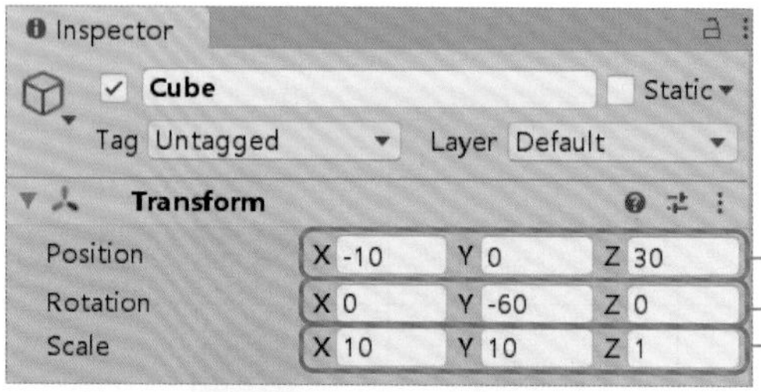

2 更改為 **-10**、**0**、**30**

3 更改為 **0**、**-60**、**0**

4 更改為 **10**、**10**、**1**

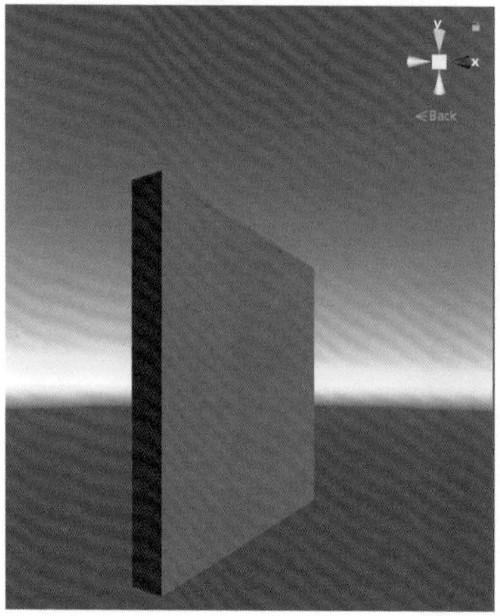

⚠ 如果更改完位置就無法從 Scene 窗格中看到立方體，可以雙按 Hierarchy 窗格的 Cube 物件，Cube 物件就會顯示在 Scene 窗格中。

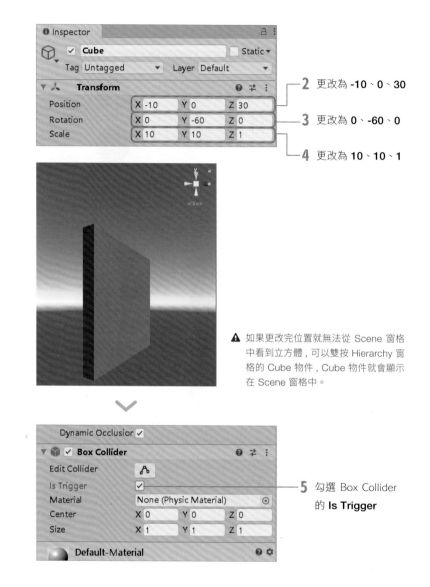

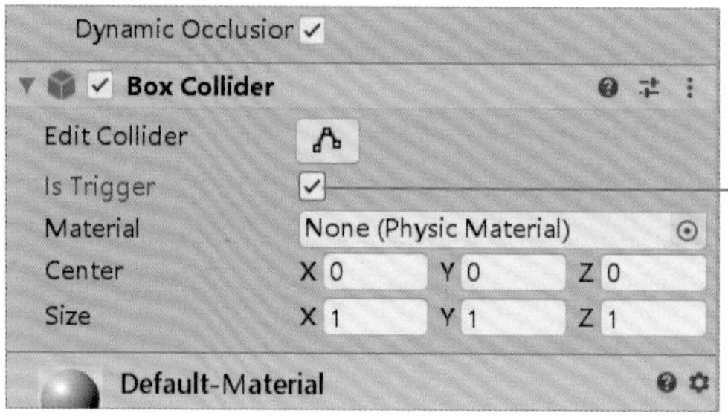

5 勾選 Box Collider 的 **Is Trigger**

3 新增球體設計圖：

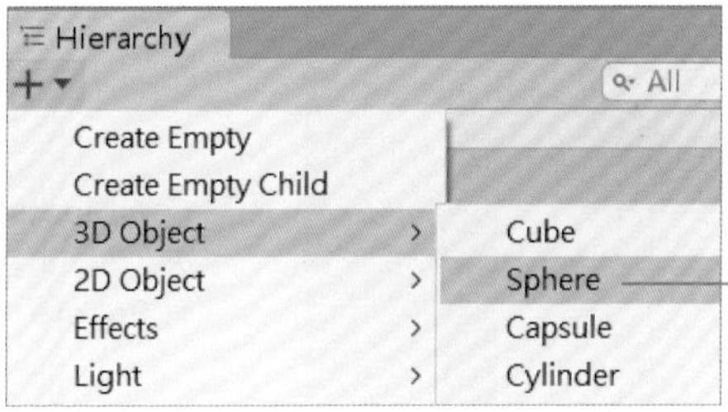

1 按 **Hierarchy 視窗**的 **3D Object/Sphere**

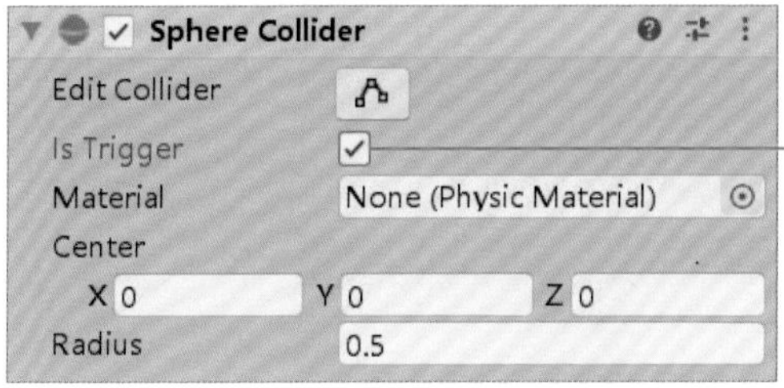

2 勾選 Sphere Collider 的 **Is Trigger**

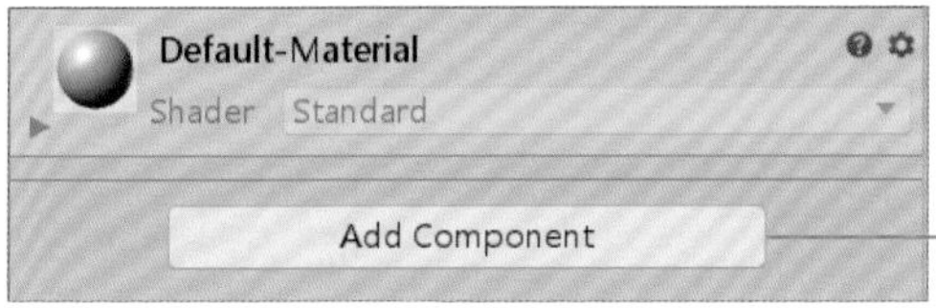

3 按 **Add Component**

4 輸入 **Rigidbody**

5 選擇 **Rigidbody**

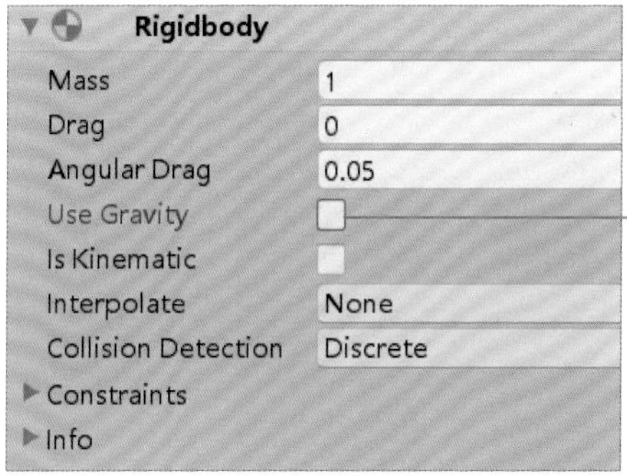

6 取消勾選 **Use Gravity**

▲ Use Gravity 代表**重力**，為了不讓球體因為重力下墜，所以取消勾選。

7 按 **Assets** 資料夾

8 執行功能表的 **Assets/Create/Folder** 命令

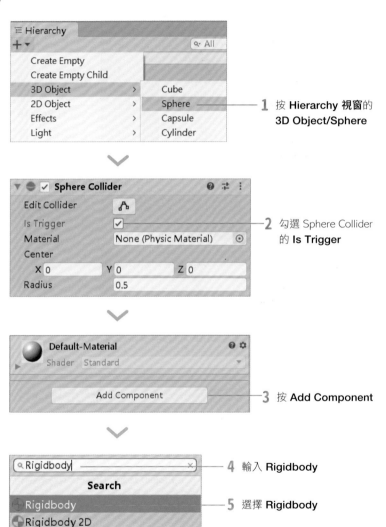

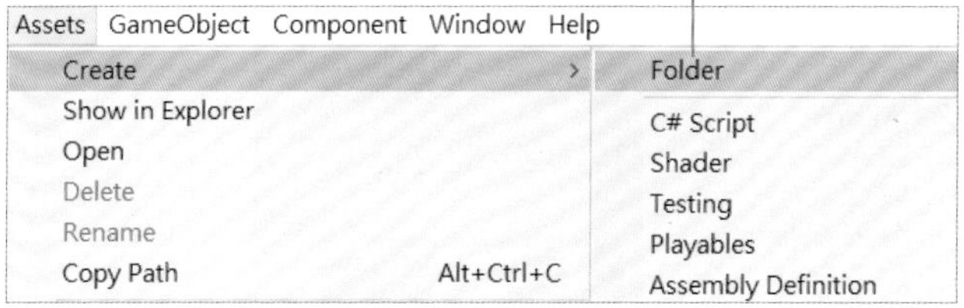

9 名稱更改為 **Objects**

▲ Objects 資料夾用來存放**物件的設計圖**或是**自製的物件**。

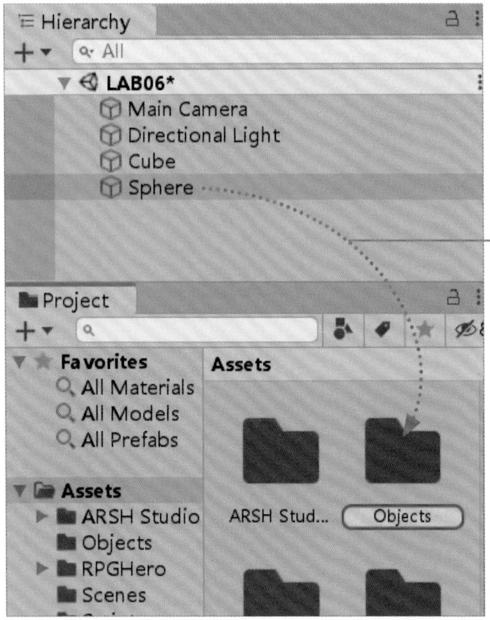

10 將 **Sphere** 拉到 **Objects 資料夾**中

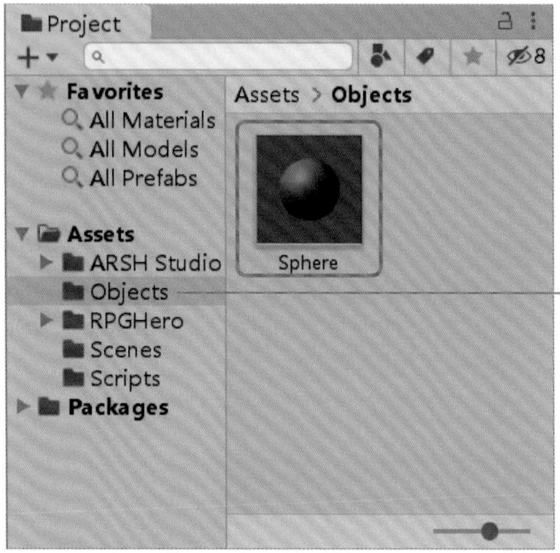

11 按 **Objects 資料夾**，確認資料夾內有 **Sphere**

▲ 資料夾內的 Sphere 就是**球體設計圖**。

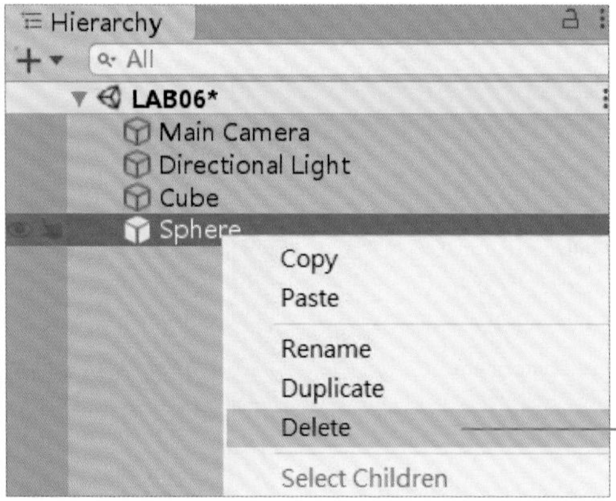

12 Hierarchy 視窗的 Sphere 上按下滑鼠右鍵，按 **Delete** 刪除

▲ 因為已經將設定好屬性的 Sphere 物件拉至 **Project 視窗的 Objects 資料夾**變為素材，所以刪除原本場景中的 Sphere 物件，稍後會透過程式自動產生。

4 建立工廠腳本，並放入攝影機物件中：

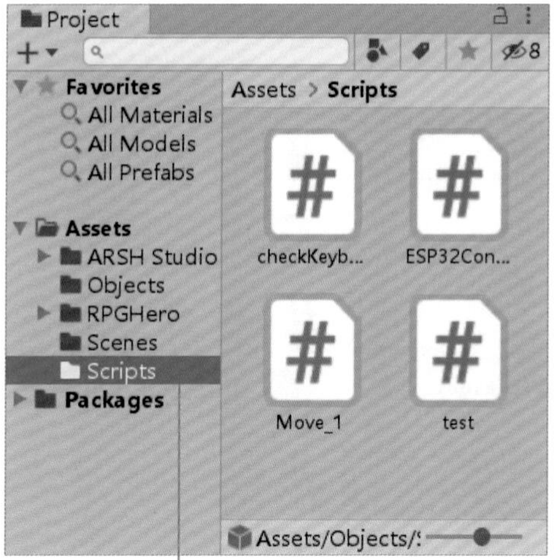

1 按 **Scripts 資料夾**

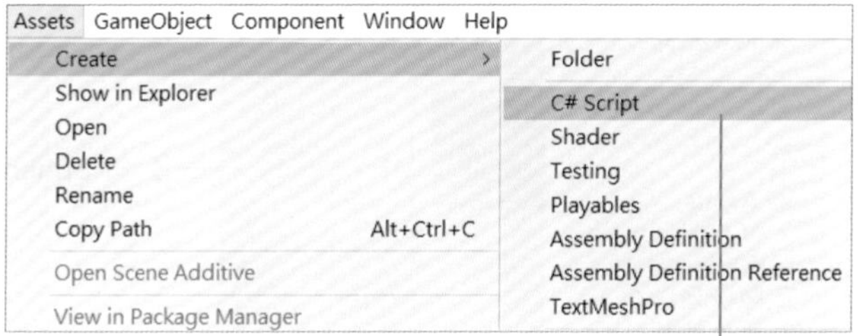

2 執行功能表的 **Assets/Create/C# Script** 命令

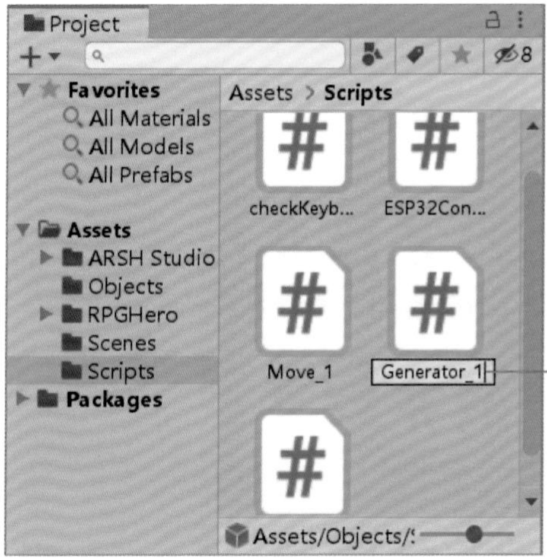

3 名稱更改為 **Generator_1**

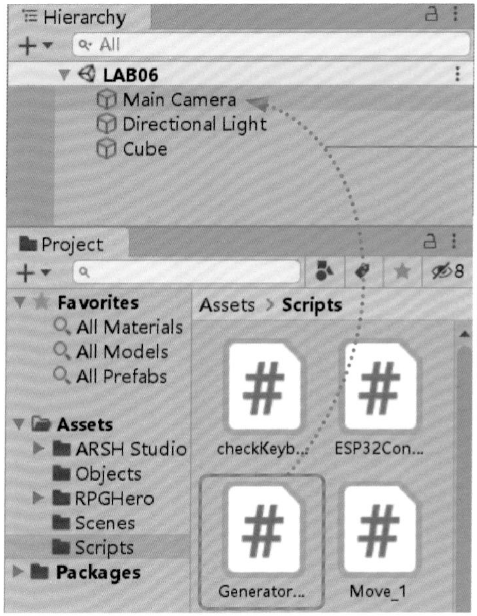

4 將 **Generator_1 腳本**拉至 **Main Camera 物件**

⚠ 因為 Generator_1 腳本的程式內容為生產球體，並不需要屬於特定物件，所以可以隨意指定給一個物件。此實驗將其指定給 Main Camera。

5 建立碰撞腳本，並放入立方體物件中：

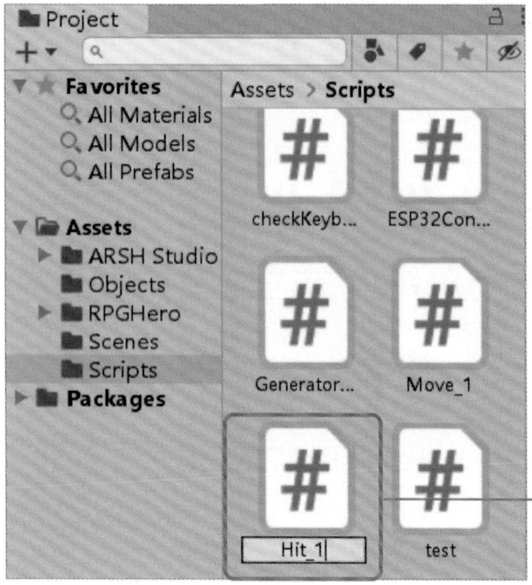

1 在 **Scripts** 下新增 **Hit_1 腳本**

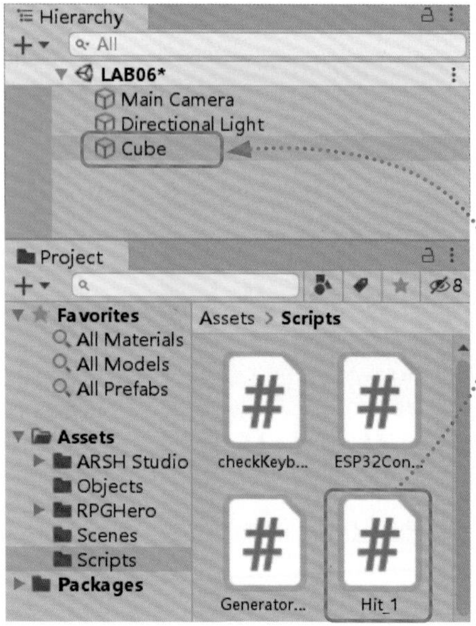

2 將 **Hit_1 腳本**拉至 **Cube 物件**

6 建立射擊腳本，並放入球體設計圖中：

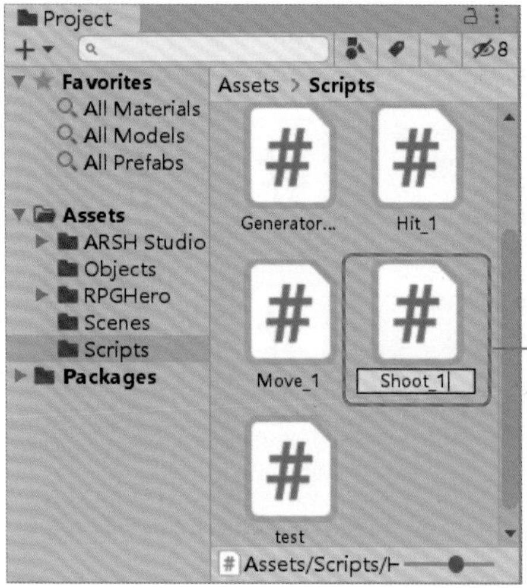

1 在 **Scripts** 下新增 **Shoot_1 腳本**

2 按 **Objects 資料夾**

3 按 **Sphere**

4 按 Inspector 視窗的 **Add Component**

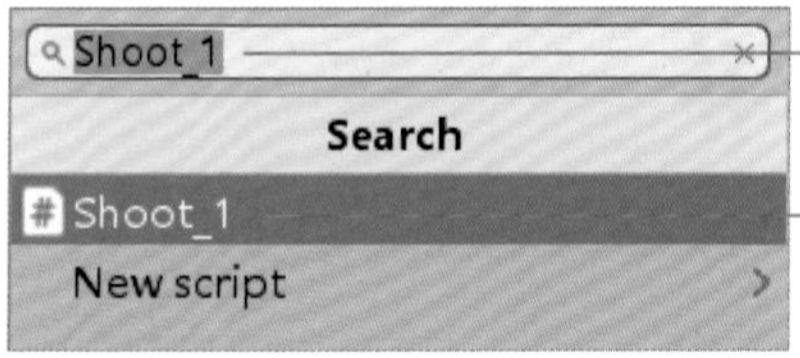

5 輸入 **Shoot_1**

6 按 **Shoot_1**

⚠ Shoot_1 就是剛剛建立的射擊腳本。

程式設計

雙按 **Generator_1 腳本**：

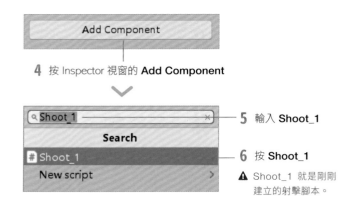

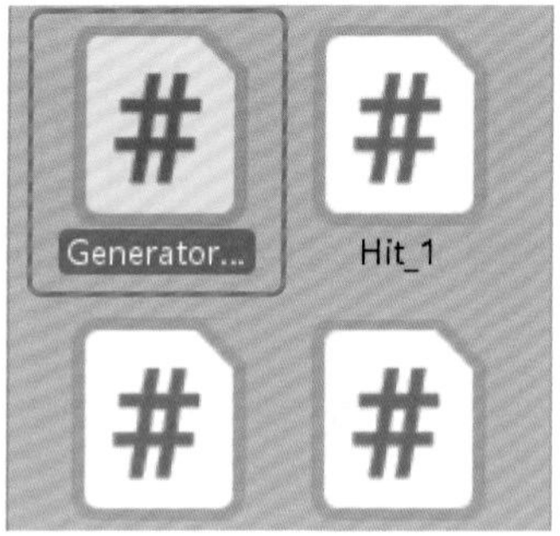

Generator_1　建立物件的工廠　Visual studio

```
01: using System.Collections;
02: using System.Collections.Generic;
03: using UnityEngine;
04:
05: public class Generator_1 : MonoBehaviour
06: {
07:     public GameObject spherePrefab;
08:     float span = 0.5f;          // 設定間隔時間
09:     float delta = 0;            // 經過時間
10:
11:     // Start is called before the first frame update
12:     void Start()
13:     {
14:
15:     }
16:
17:     // Update is called once per frame
18:     void Update()
19:     {
20:         delta += Time.deltaTime; // delta 變數加上 deltaTime
21:         if (delta >= span)       // 如果時間大於等於間隔時間
22:         {
23:             delta = 0;           // 重置 delta
24:             // 將設計圖實體化
25:             GameObject ball =
26                  Instantiate(spherePrefab) as GameObject;
27:             // 出現位置
28:             ball.transform.position = new Vector3(20, 0, 30);
29:         }
30:     }
31: }
```

NEXT

- 第 8-9 行：設定變數。span 為發射球體的間隔時間；delta 為上一次發射球後經過時間。
- 第 20 行：將每一幀的間隔時間累加到 delta 變數中，計算距離上次發射球後過了多少時間。
- 第 21-29 行：當 delta 大於等於發射的間隔時間，就重新計算時間，並將設計圖實體化，也就是製造出一顆球，擺放到座標 (20, 0, 30)。

⚠ 第 26 行的 Instantiate() 函式會得到 Object 型別，而我們則是需要 GameObject 型別。所以使用 **as GameObject** 將 Object 轉換成 GameObject。

雙按 **Hit_1** 腳本：

| Hit_1 | 立方體被擊中 | Visual studio |

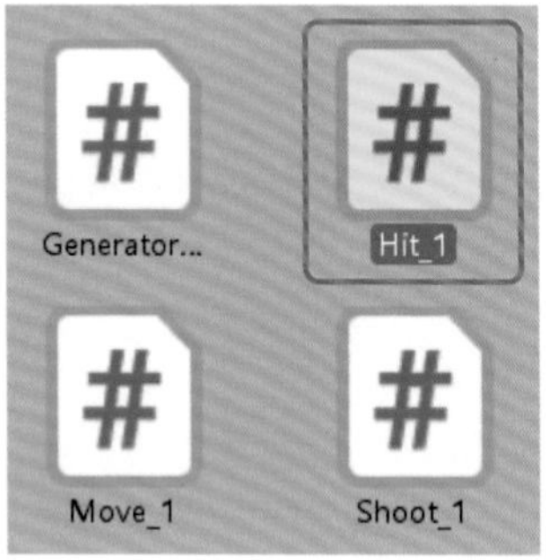

```
01: using System.Collections;
02: using System.Collections.Generic;
03: using UnityEngine;
04:
05: public class Hit_1 : MonoBehaviour
06: {
07:     // Start is called before the first frame update
08:     void Start()
09:     {
10:
11:     }
12:
13:     // Update is called once per frame
14:     void Update()
15:     {
16:
17:     }
18:
19:     // 產生碰撞時
20:     public void OnTriggerEnter(Collider other)
21:     {
22:         Debug.Log("hit");   // 顯示 hit
23:     }
24: }
```

● 第 20-23 行：當產生碰撞時，顯示 hit 字樣。

雙按 **Shoot_1** 腳本：

| Shoot_1 | 射擊球體 | Visual studio |

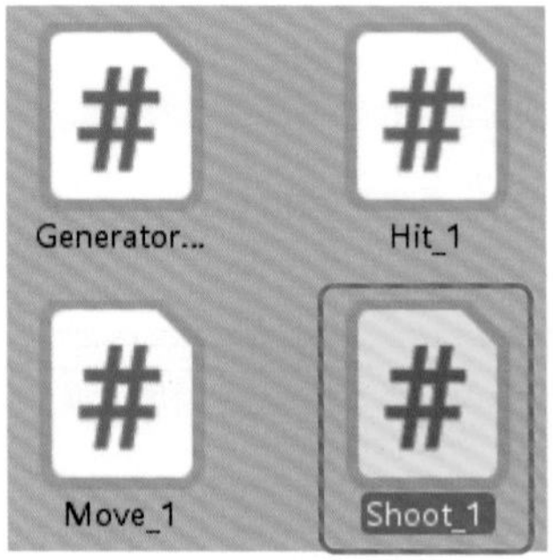

```
01: using System.Collections;
02: using System.Collections.Generic;
03: using UnityEngine;
04:
05: public class Shoot_1 : MonoBehaviour
06: {
07:     // Start is called before the first frame update
08:     void Start()
09:     {
10:         shoot(new Vector3(-1000, 0, 0));        // 射擊
11:     }
12:
13:     // Update is called once per frame
14:     void Update()
15:     {
16:
17:     }
18:
19:     // 射擊函式
20:     public void shoot(Vector3 dir)
21:     {
22:         GetComponent<Rigidbody>().AddForce(dir);
23:     }
24:
25:     // 產生碰撞時
```

NEXT

```
26:     public void OnTriggerEnter(Collider other)
27:     {
28:         Destroy(gameObject);   // 消除物件
29:     }
30: }
```

● 第 10 行：呼叫 shoot 函式，將力設定成 (-1000, 0, 0)。

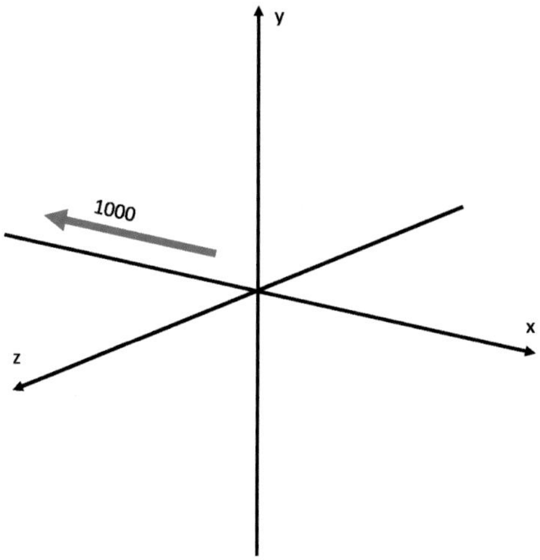

● 第 20-23 行：建立射擊函式，使用 Rigidbody 的 AddForce() 給予物件力量。

● 第 26-29 行：當產生碰撞時，消除球體物件。**gameObject** 代表物件本身，所以只要將此腳本放到球體物件中，就代表消除球體物件。

▲ Visual studio 的程式寫完後，請按下 Ctrl + S 儲存。

測試遊戲

到 Unity 中，將**設定好屬性的 Sphere 設計圖**指定給 Generator_1 腳本，使其不斷生產 Sphere 物件：

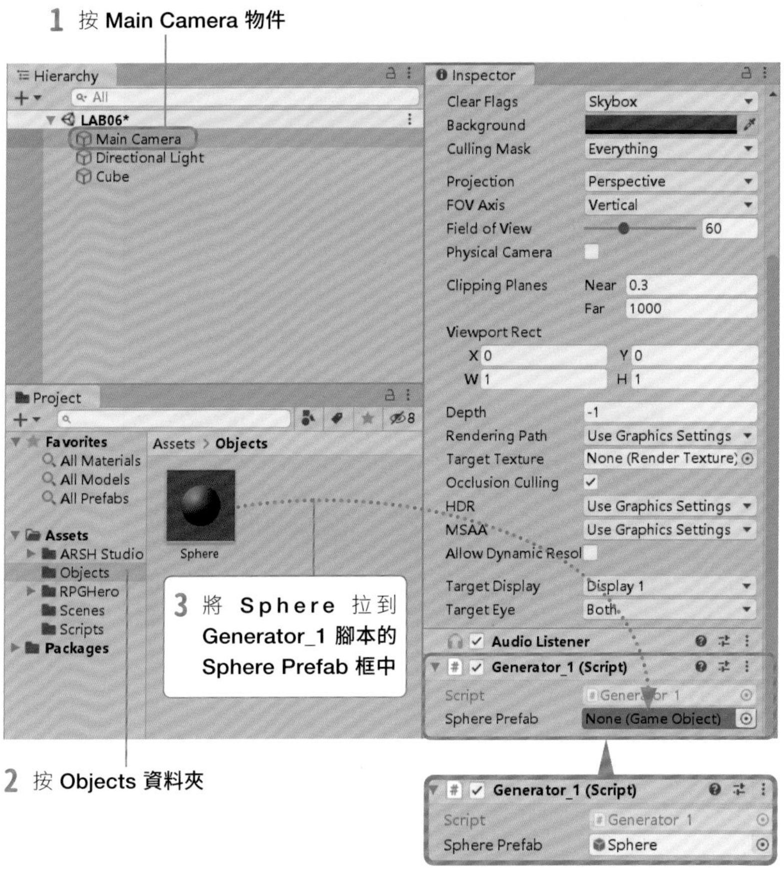

▲ 在撰寫 Generator_1 腳本時，並沒有決定要量產的物件，只是宣告一個 **GameObject** 變數 SpherePrefab。而將 Sphere 拉到 **Generator_1 腳本的 Sphere Prefab 框中**就代表指定 Sphere 為要量產的物件。

按下**執行**，即可看到遊戲畫面右側不斷發射球體，當球體命中立方體時，球體會消失，並且 Console 視窗會顯示 hit 字樣：

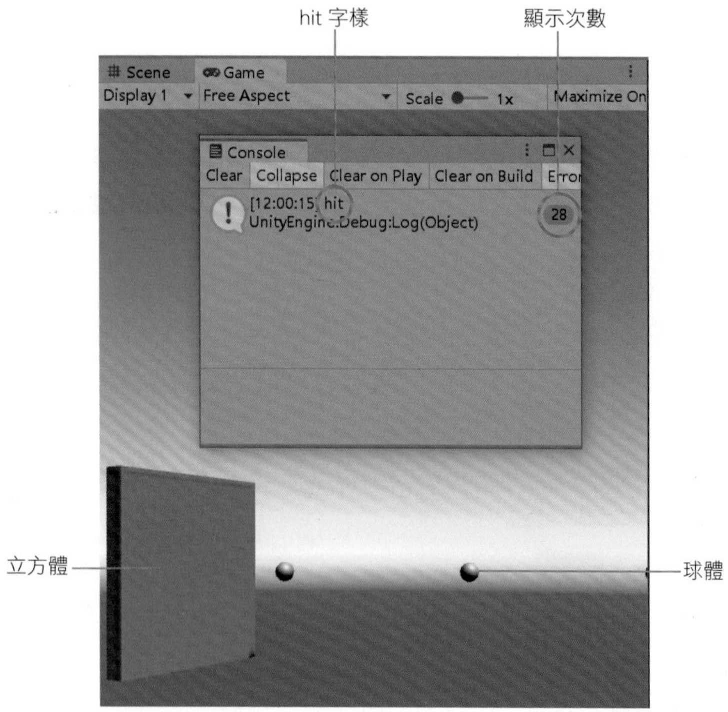

Lab07 互動 — 碰撞後振動手把

實驗目的 當球體與立方體產生碰撞時，啟動振動馬達。

實驗架構圖

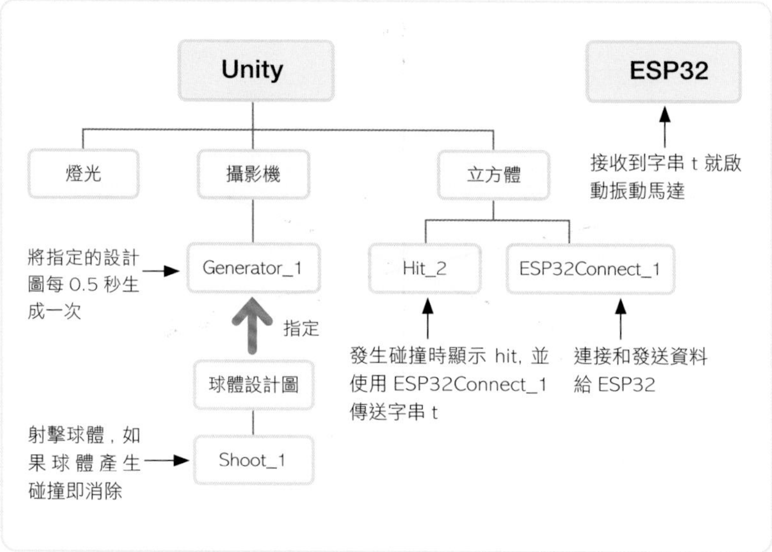

實驗原理

將 LAB06 的立方體加上 **ESP32Connect_1 腳本**，並在產生碰撞時，傳送資料給 ESP32，以此來產生振動。

Unity 操作

1 在 **Scenes 資料夾**建立 **LAB07 場景**：

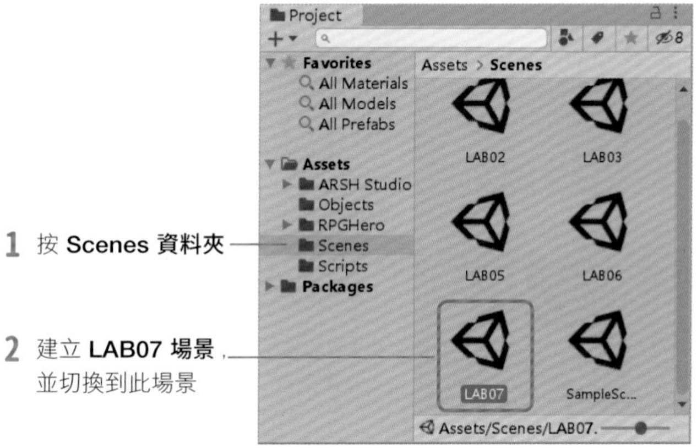

2 新增**立方體**：

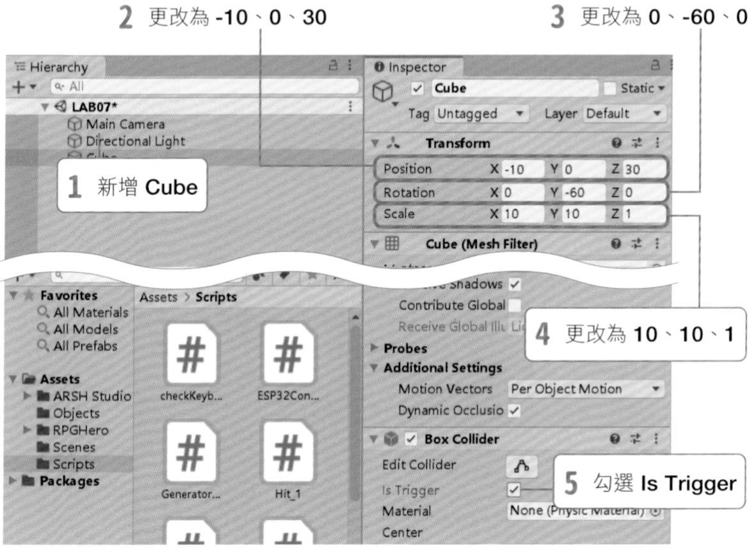

3 立方體產生碰撞時需要傳送資料給 ESP32，因此需要加入 ESP32Connect_1 腳本，並加入 1 個新腳本，名為 **Hit_2**：

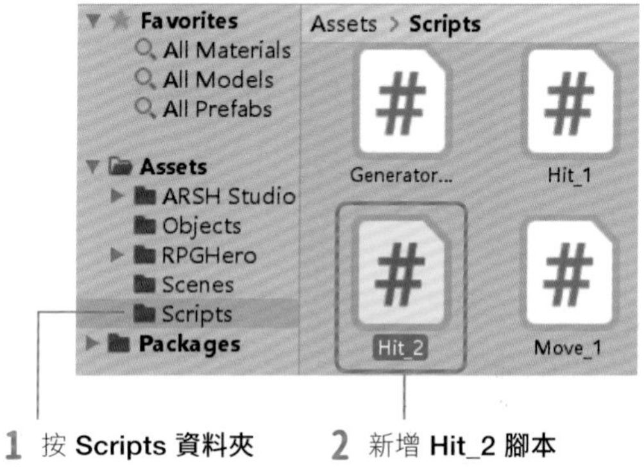

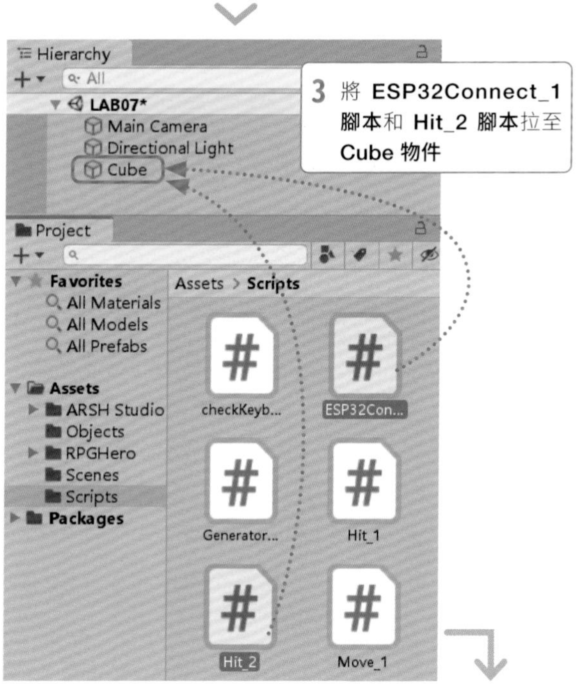

▲ 請填入自己的序列部編號

4 將 ESP32Connect_1 腳本的 Port 變數填入**序列埠編號**

3 將工廠腳本放入攝影機物件中：

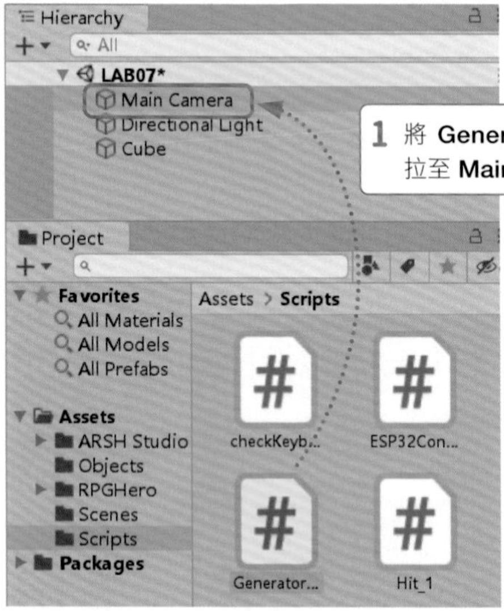

1 將 **Generator_1 腳本**拉至 **Main Camera**

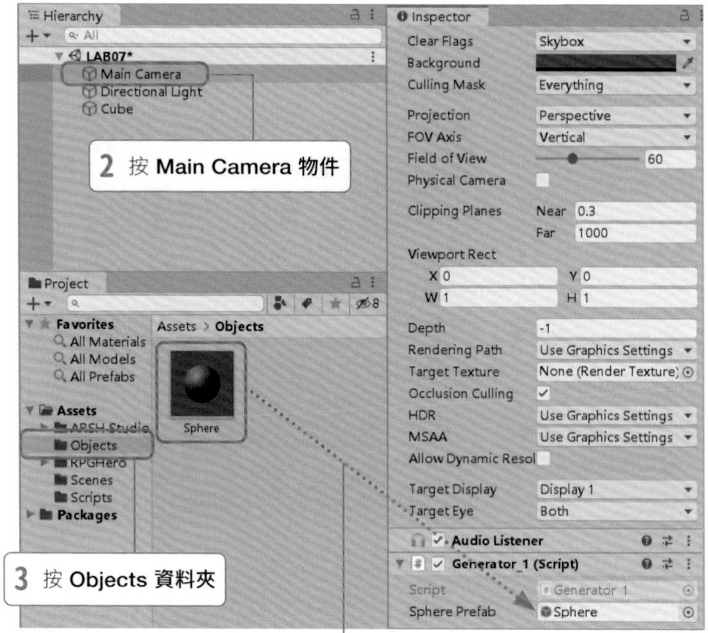

2 按 **Main Camera 物件**

3 按 **Objects 資料夾**

4 將 **Sphere** 拉到 **Generator_1 腳本**的 **Sphere Prefab 框中**

程式設計

Unity

雙按 **Hit_2 腳本**：

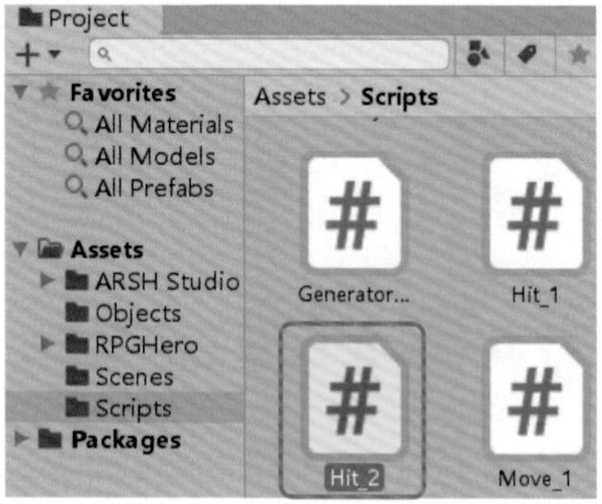

Hit_2 立方體被擊中 Visual studio

```
using System.Collections;
using System.Collections.Generic;
using UnityEngine;

public class Hit_2 : MonoBehaviour
{
    ESP32Connect_1 ESP32connect;  // 宣告 連接 ESP32 變數
    // Start is called before the first frame update
    void Start()
    {
        ESP32connect = GetComponent<ESP32Connect_1>();
    }

    // Update is called once per frame
    void Update()
    {

    }

    //產生碰撞時
    public void OnTriggerEnter(Collider other)
    {
        Debug.Log("hit");
        ESP32connect.SpWrite("t");  // 傳送 t
    }
}
```

ESP32

沿用 LAB05.py, 無須更改

測試遊戲

到 Unity 按**執行**, 即可在球體和立方體碰撞時, 感覺手把產生振動。

MEMO

CHAPTER

07

使用搖桿控制角色衝刺閃躲

在第 4 章我們使用鍵盤移動遊戲裡的角色，現在學過 ESP32，就可以試著使用手把上的搖桿控制角色。

7-1 類比搖桿

類比搖桿常用於控制角色的移動，因為扳動 x、y 軸搖桿時會在輸出腳位產生對應變化的**電壓值**。只要有電壓值，就可以反推目前搖桿的位置：

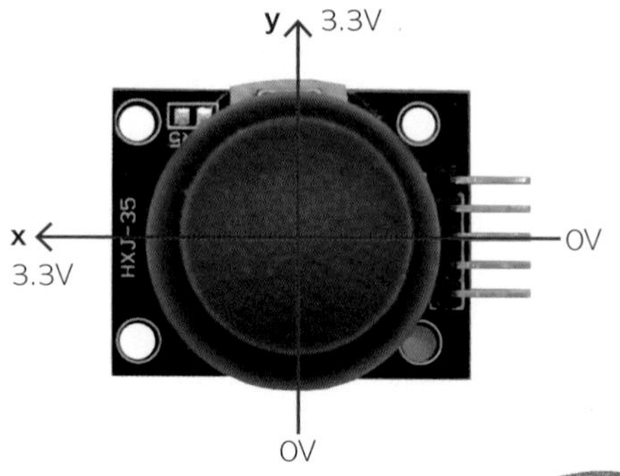

除了 x、y 軸的變化，類比搖桿還有 1 個**按鈕開關**，可以用來觸發遊戲中的事件：

7-2 類比輸入

GPIO 腳位除了像 **LAB04 啟動振動馬達**輸出電流外，還可以讀取**輸入訊號**。ESP32 可以藉由感測器輸出的電壓變化了解目前感測器的狀態，例如：扳動搖桿時就會變化輸出電壓高低。

ESP32 的 GPIO 腳位不管是做為**輸出**還是**輸入**，都只有 " 高電位 (3.3V)" 和 " 低電位 (0V)" 2 種選項，沒有其他的電壓值。這種不連續的訊號變化稱為**數位訊號**：

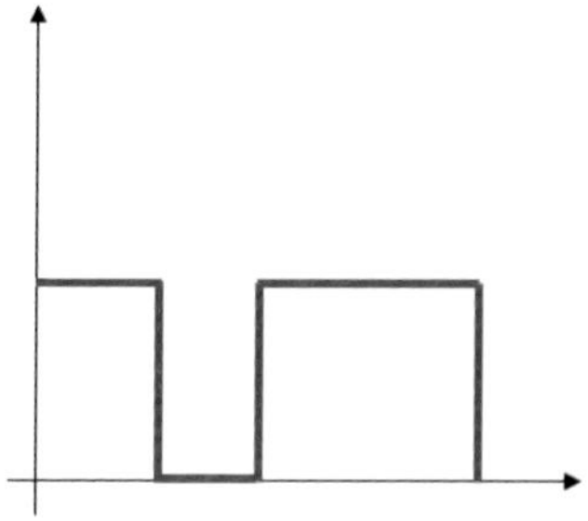
數位訊號

但現實生活中的訊號 (例如溫度) 在變化時，並不會只有 2 種值，例如溫度變化時會從 23 ℃ 慢慢變到 23.1 ℃，中間的值有無限多種可能。這種**連續的變化**稱為『類比訊號』:

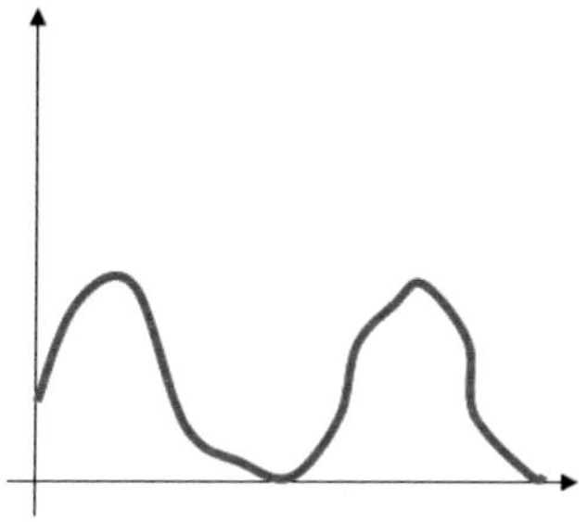
類比訊號

ESP32 無法讀取類比訊號，需要透過 **ADC(類比數位轉換器 Analog-to-Digital Conversion)**，將類比訊號轉換成數位訊號。

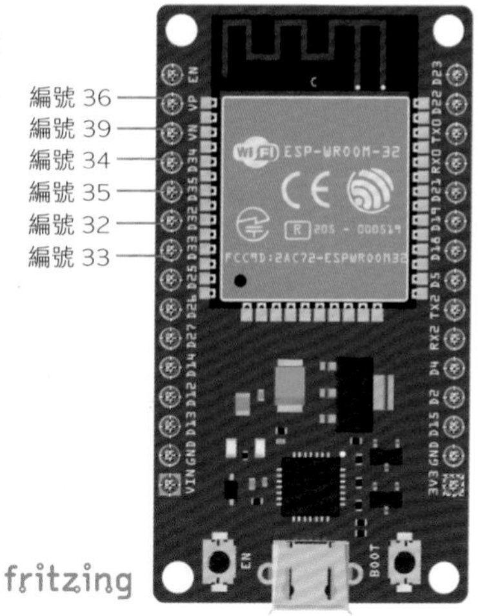

ESP32 的腳位中只有編號 **32、33、34、35、36、39** 可以使用 ADC。這幾個腳位可以將電壓變化轉換成 0~4095 間的整數讓程式讀取：

7-3 按鈕開關

按鈕是電子零件中最常使用到的開關裝置，它可以決定是否讓電路導通。按鈕的原理如右圖：

只要按下按鈕，按鈕下的鐵片會讓兩根針腳連接，以此讓電路導通。

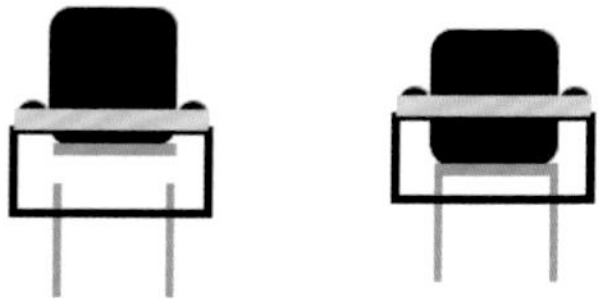
沒有按下時不導通　按下時導通

Lab08 類比搖桿狀態

實驗目的 量測搖桿 x、y 軸的 ADC 值，也顯示按鈕是否被按下。

⚠ 前一章 ESP32 為了和 Unity 傳送訊息，所以中斷與 Thonny 的連線。因此在用 Thonny 執行程式前需要先點擊 Thonny 的 **STOP 鍵**重新連接。

設計原理

搖桿方向

搖桿 x、y 軸的訊號會分別使用 ESP32 的 32、33 類比腳位接收，首先從 machine 模組匯入 ADC 來建立物件：

Thonny

```
from machine import Pin, ADC
adcX = ADC(Pin(32))        # 建立 x 軸 ADC 物件
adcY = ADC(Pin(33))        # 建立 y 軸 ADC 物件
```

ADC 物件建立好後，就要來設定 ADC 的**最大感測電壓**。

ESP32 中預設的最大感測電壓為 1V，代表只要 ADC 腳位接收超過 1V 的電壓，得到的 ADC 值就會是峰值 4095。最大感測電壓總共有 4 種參數可以選擇：

參數	最大感測電壓
ADC.ATTN_0DB	1V
ADC.ATTN_2_5DB	1.34V
ADC.ATTN_6DB	2V
ADC.ATTN_11DB	3.6V

由於 x、y 軸的最大電壓值為 3.3V，所以選擇 **3.6V** 當作最大電壓：

Thonny

```
adcX.atten(ADC.ATTN_11DB)   # x 軸最大電壓設定成 3.6V
adcY.atten(ADC.ATTN_11DB)   # y 軸最大電壓設定成 3.6V
```

設定完畢後，使用 **read()** 讀取 ADC 值：

Thonny

```
adcX.read()
adcY.read()
```

按鈕開關

按鈕只需要判斷是否被按下，因此只要讀取**電位高低即可**。首先建立 Pin 物件：

Thonny

```
buttonMiddle = Pin(15,Pin.IN)
```

第 2 個參數將腳位設定成**輸入模式**。物件建立好後，就可以使用 value() 讀取電位高低：

Thonny

```
buttonMiddle.value()
```

讀到 " 高電位 " 時，button.value() 的回傳值會是 **1**，反之為 **0**。但如果沒有按下按鈕開關，輸入腳位就會受到環境雜訊影響，處於**不穩定狀態**。

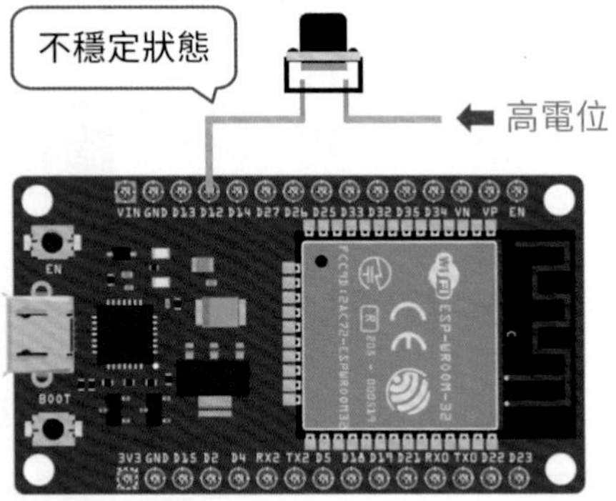

為了防止不穩定狀態出現，會加上電阻讓腳位能接收到明確的訊號，而根據電阻的位置，分為『上拉電阻』和『下拉電阻』:

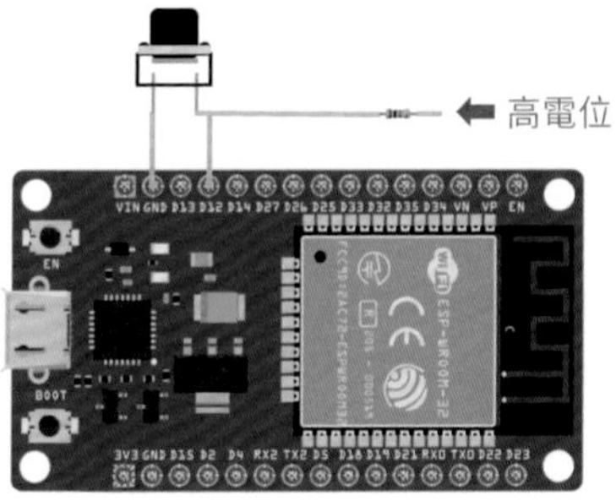

上拉電阻

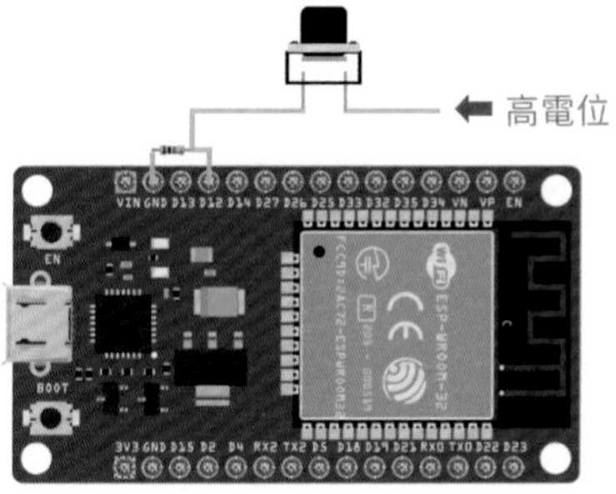

下拉電阻

上拉電阻的方式在沒按下按鈕前，會接收到高電位，按下時則會因為與 GND 相連讀到低電位；下拉電阻的方式則剛好相反，在沒按下按鈕前，會接收到低電位，按下時讀到高電位。而為了方便使用，ESP32 的腳位已經**內建上拉電阻**。

為了開啟 ESP32 的內建上拉電阻，建立 Pin 物件時需要增加參數：

Thonny

```
button=Pin(15, Pin.IN, Pin.PULL_UP)
```

第 3 個參數 PULL_UP 代表啟動內建上拉電阻。我們只需要將按鈕分別連接至 " 輸入腳位 " 和 "GND" 即可，此時只要按下開關，15 號輸入腳位就會讀取到**低電位**，反之為高電位。

⚠ 上拉電阻與我們平常習慣的 " 按下按鈕為高電位 (1) "、" 沒按按鈕為低電位 (0) " **相反**，請不要搞混囉！

程式設計

LAB08.py 類比搖桿狀態 Thonny

```
from machine import ADC, Pin
import time

adcX = ADC(Pin(32))         # x 軸腳位
adcY = ADC(Pin(33))         # y 軸腳位
adcX.atten(ADC.ATTN_11DB) # x 軸最大電壓設定成 3.6V
adcY.atten(ADC.ATTN_11DB) # y 軸最大電壓設定成 3.6V
# 按鈕腳位
buttonMiddle = Pin(15, Pin.IN, Pin.PULL_UP)

while True:
    # 顯示搖桿數值和按鈕狀態
    print(adcX.read(), adcY.read(),
          buttonMiddle.value())
    time.sleep(0.05)        # 暫停 0.05 秒
```

測試程式

請按 F5 執行程式，即可看到 3 個數字，分別是 **x 軸 ADC 值、y 軸 ADC 值、按鈕狀態**：

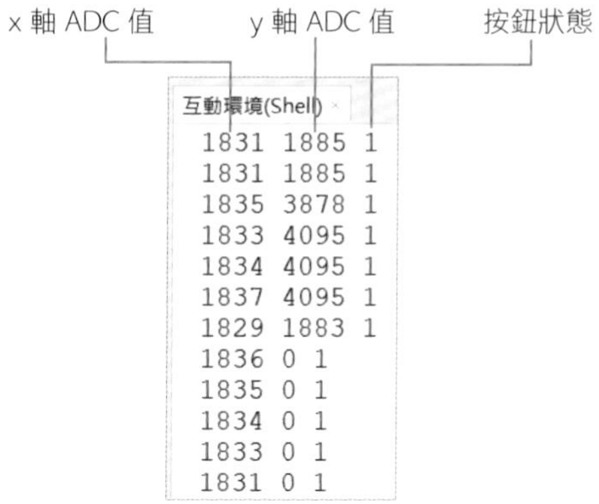

試著將搖桿往左右扳，可以看到**第 1 個數值**產生變化：

```
4095 1880 1
4095 1878 1
1830 1880 1
0 1882 1
0 1469 1
0 1461 1
```

左扳

右扳

將搖桿往上下扳，可以看到**第 2 個數值**產生變化：

```
1833 4095 1
1834 4095 1
1837 4095 1
1829 1883 1
1836 0 1
1835 0 1
1834 0 1
1833 0 1
```

上扳

下扳

最後按下搖桿，**第 3 個數值**會 0、1 切換：

```
1831 1882 1
1831 1884 1
1830 1884 1
1833 1883 0
1831 1882 0
1833 1884 0
```

沒按下

按下

7-4 用搖桿控制角色

前一節已經學會讀取搖桿值，現在就準備使用搖桿控制角色吧！

設定傳送資料

用搖桿控制角色時，需要同時傳送 3 個資料：『x 軸位置』、『y 軸位置』、『按鈕狀態』給 Unity，所以先來設定傳送的資料。

x、y 軸位置

LAB08 中得知搖桿數值可以判斷目前搖桿的位置，位置數值關係表如下：

y 軸 \ x 軸	>3500	1200 跟 2300 之間	< 500
> 3500	左前	前	右前
1200 跟 2300 之間	左	中	右
< 500	左後	下	右後

x 軸會依照『左』、『右』分別傳送 'l'、'r'；**y 軸**會依照『前』、『後』分別傳送 'f'、'b'；如果是『中』的話，**x、y 軸**都會傳送 'n'。

按鈕狀態

按鈕有『按下』和『沒按下』2 種狀態，按下時傳送 'd'；沒按下時傳送 'u'。

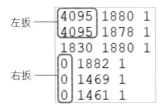

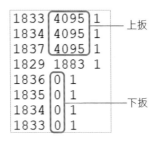

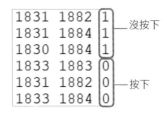

傳送資料彙整圖表如下：

x 軸位置	y 軸位置	按鈕狀態
'l'、'r'、'n'	'f'、'b'、'n'	'd'、'u'

ESP32 傳送資料給 Unity

前一章是從 Unity 傳送資料給 ESP32，這一章則是反過來，**從 ESP32 傳送資料給 Unity**。

ESP32

ESP32 在傳送資料的方法其實就是前面使用過的 **print()** 函式，print() 在前面的實驗就等於是傳送資料到 **Thonny 的互動環境**：

Thonny

```
print(要傳送的資料)
```

Unity

Unity 要接收 ESP32 傳送過來的資料，會使用序列埠物件的 **ReadLine()** 函式：

Visual Studio

```
message = sp.ReadLine() / 讀取序列埠傳送過來的資料並放入 message 中
```

Lab09 互動 — 用搖桿控制角色

實驗目的	藉由搖桿控制 Unity 的角色移動，並在按下按鈕時改變角色的高度。

設計原理

ESP32

要傳送給 Unity 的資料共有 3 筆 (x 軸位置、y 軸位置、按鈕狀態)，為了讓 print() 可以同時傳送，會將資料用**逗號**分開：

Thonny

```
print(x 軸位置,y 軸位置,按鈕狀態)
```

在 Python 中使用 **+** 可以使字串相加，因此將『3 筆字串資料』和『逗號』合併：

Thonny

```
print(x 軸位置+','+y 軸位置+','+按鈕狀態)
```

Unity

Unity 在接收到 ESP32 傳送來的資料後，需要將其重新分成 **x 軸位置、y 軸位置、按鈕狀態** 3 筆資料，ESP32 傳送的資料格式為 string，而 C# 可以藉由 **Split() 函式**將 string 分割，並傳回 Array 格式：

Visual Studio

```
string[] mArray = message.Spilt(',')  // 以逗號分割資料
```

軟體補給站

Array

在 C# 中，Array 就像是一個容器，可以放置多項資料，但每筆資料必須是**相同格式**，這些資料會依序排列，創建 Array 的方法如下：

Visual Studio

```
string mArray[];    // 放置 string 資料格式的 Array，名為 mArray
```

而當中的元素會依序放置，其存取的語法如下：

Visual Studio

```
// 創建 Array，內含 l、f、d 字串
string mArray[] = new string[] {"r", "f", "d"};
// 取 mArray 第 0 項給字串 move_h
string move_h = mArray[0];
```

這樣就成功從 Array 中存取出值，並將第 0 項 "r" 設定給字串 move_h。

Unity 操作

1 在『Scenes』資料夾下新增 1 個場景並命名為 **LAB09**，並更換至此場景：

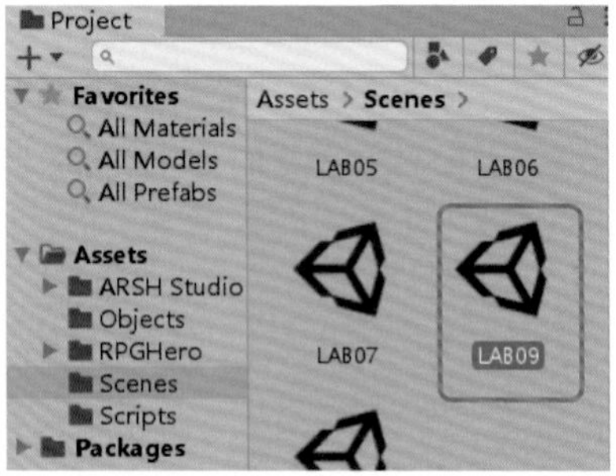

2 在『Scripts』資料夾下新增 2 個腳本並分別命名為 **ESP32Connect_2**、**Move_2**：

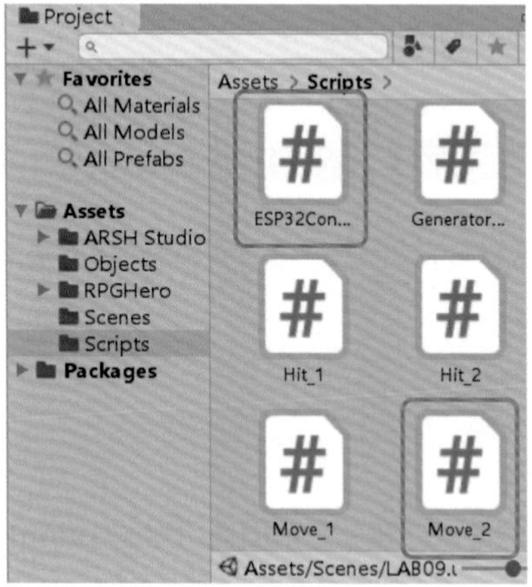

3 加入 **RPGHeroHP** 物件，並將位置設定為 (50, 0.865, -20)：

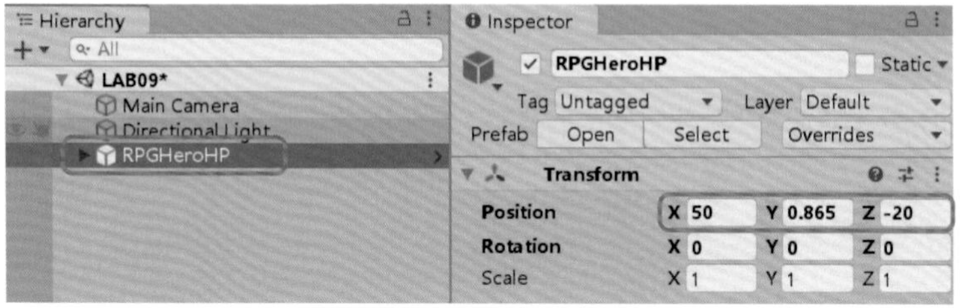

④ 加入 **Low_Poly_Boat_Yard** 物件，並將位置設定為 (0, 0, 0)：

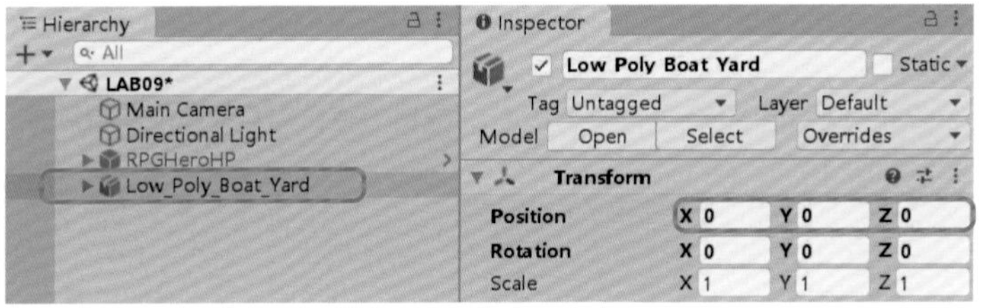

⑤ 加入元件到 RPGHeroHP 物件中：

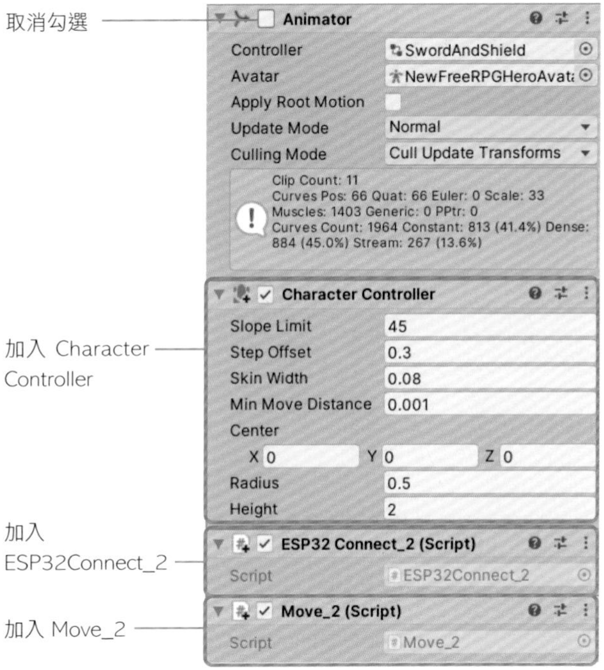

取消勾選

加入 Character Controller

加入 ESP32Connect_2

加入 Move_2

⑥ 將 **Main Camera** 物件的位置設定為 (50, 3, -30)：

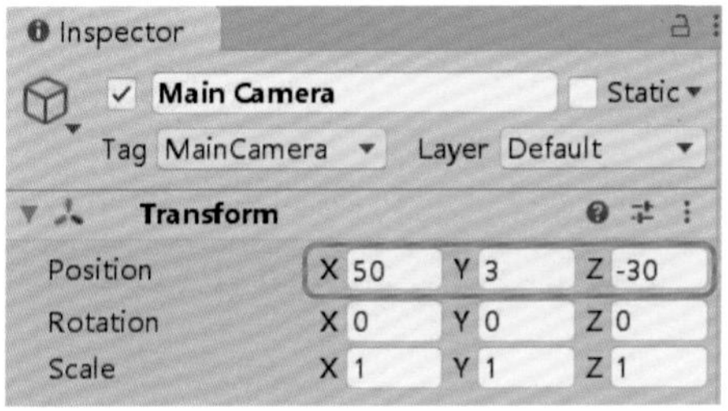

🎮 程式設計

Unity

ESP32Connect_2 腳本：

ESP32Connect_2	連接 ESP32	Visual studio

```
01: using System.Collections;
02: using System.Collections.Generic;
03: using UnityEngine;
04: using System.IO.Ports;
05:
06: public class ESP32Connect_2 : MonoBehaviour
07: {
08:     private SerialPort sp;
09:     public string port;
10:     public string message;          // 讀到的值
11:
12:     // Start is called before the first frame update
13:     void Start()
14:     {
15:         if (port != "")
16:         {
17:
```

NEXT

```
18:             sp = new SerialPort(port, 115200);
19:             sp.NewLine = "\r\n";
20:             sp.ReadTimeout = 1;
21:             try
22:             {
23:                 sp.Open();
24:                 Debug.Log("與 ESP32 連接成功");
25:             }
26:             catch
27:             {
28:                 Debug.Log("與 ESP32 連接失敗");
29:             }
30:         }
31:     }
32: 
33:     // Update is called once per frame
34:     void Update()
35:     {
36:         try
37:         {
38:             message = sp.ReadLine(); // 序列埠接收
39:         }
40:         catch {}
41:     }
42: 
43:     // unity 結束時, 關閉與 ESP32 之間的連接
44:     void OnApplicationQuit()
45:     {
46:         if (sp != null)
47:         {
48:             if (sp.IsOpen)
49:             {
50:                 Debug.Log("與 ESP32 斷開連接");
51:                 sp.Close();
52:             }
53:         }
54: 
55:     }
56: }
```

NEXT

- 第 19 行：由於 MicroPython 的 print() 會送出 \r\n 當換行符號，但換行符號在 Windows、MAC、Linux 中不同，導致無法正確判斷一行的結尾，因此直接指定換行符號為 \r\n。
- 第 36-40 行：如果序列埠有接收到資料，將資料存到 message 中，如果沒有則跳到下一次 Update 迴圈。

Move_2 腳本：

Move_2 控制角色移動 Visual studio

```
using System.Collections;
using System.Collections.Generic;
using UnityEngine;

public class Move_2 : MonoBehaviour
{
    Vector3 _moveDir = Vector3.zero;            // 角色方向
    CharacterController _characterController; // 腳色控制
    ESP32Connect_2 ESP32connect;

    int speed = 10;

    string move_h = "n";
    string move_v = "n";
    string move_m = "n";

    float h;      // 水平
    float v;      // 垂直

    // Start is called before the first frame update
    void Start()
    {
        _characterController =
            GetComponent<CharacterController>();
        ESP32connect = GetComponent<ESP32Connect_2>();
    }
```

NEXT

```
27:
28:     // Update is called once per frame
29:     void Update()
30:     {
31:         string message = ESP32connect.message;
32:         string[] mArray = message.Split(', '); // 以逗號分割資料
33:
34:         // 如果資料長度大於 3 筆
35:         if (mArray.Length >= 3)
36:         {
37:             move_h = mArray[0];    // 水平
38:             move_v = mArray[1];    // 垂直
39:             move_m = mArray[2];    // 按鈕
40:         }
41:
42:         if (move_h == "l")
43:         {
44:             h = -1.0f;
45:         }
46:         if (move_h == "r")
47:         {
48:             h = 1.0f;
49:         }
50:         if (move_h == "n")
51:         {
52:             h = 0.0f;
53:         }
54:         if (move_v == "f")
55:         {
56:             v = 1.0f;
57:         }
58:         if (move_v == "b")
59:         {
60:             v = -1.0f;
61:         }
62:         if (move_v == "n")
63:         {
64:             v = 0.0f;
65:         }
66:
67:         if (move_m == "d")
68:         {
69:             transform.localScale = new Vector3(1f, 0.5f, 1f);
70:         }
71:         if (move_m == "u")
72:         {
73:             transform.localScale = new Vector3(1f, 1f, 1f);
74:         }
75:
76:         // 更改方向
77:         _moveDir = Vector3.right * h + Vector3.forward * v;
78:
79:         // 控制角色移動
80:         _characterController.Move(
81:             _moveDir * Time.deltaTime * speed);
82:     }
83: }
```

NEXT

- 第 31-40 行：將 ESP32 傳來的值分給 move_h(x 軸位置)、move_v(y 軸位置) 和 move_m(按鈕狀態)
- 第 42-65 行：根據 move_h、move_v 設定行進方向
- 第 67-74 行：根據 move_m 設定角色大小

⚠ transform.localScale 代表角色大小。

ESP32

LAB09.py 互動 - 搖桿控制 Thonny

```
from machine import ADC, Pin
import time

adcX = ADC(Pin(32))
adcY = ADC(Pin(33))
adcX.atten(ADC.ATTN_11DB)
adcY.atten(ADC.ATTN_11DB)

buttonMiddle = Pin(15, Pin.IN, Pin.PULL_UP)

while True:
    move_h = 'n'               # x 軸位置
    move_v = 'n'               # y 軸位置
    move_m = 'n'               # 按鈕狀態

    if(adcX.read()<500):       # 右邊
        move_h = 'r'
    if(adcX.read()>3500):      # 左邊
        move_h = 'l'
    if(adcY.read()<500):       # 後退
        move_v = 'b'
    if(adcY.read()>3500):      # 前進
        move_v = 'f'
    if(adcX.read()<2300 and adcX.read()>1200 and
       adcY.read()<2300 and adcY.read()>1200):
        move_h = 'n'
        move_v = 'n'
    if(buttonMiddle.value() == 0):    # 按下按鈕
        move_m = 'd'
    if(buttonMiddle.value() == 1):    # 沒按下按鈕
        move_m = 'u'
    # 將 3 種資料合併
    print(move_h+', '+move_v+', '+move_m)

    time.sleep(0.05)
```

測試遊戲

1. 將 LAB09.py 儲存到 ESP32 中，並命名為 main.py
2. 斷開 ESP32 與 Thonny 的連線
3. 填入**序列埠編號**：

4. 執行遊戲

執行遊戲後，就可以使用搖桿控制角色移動，按下按鈕後，角色比例會變短：

CHAPTER

08

用旋鈕噴射火焰

本章會帶您認識可變電阻與 Unity 中的粒子特效，使用手把上的旋鈕改變遊戲中的粒子特效。

8-1 可變電阻

可變電阻 (電位計)

可變電阻 (電位計) 是一種具有 3 支接腳的電子元件，外側的 2 支接腳中，任 1 支接電源正極、另 1 支接電源負極後，就可以將中間的腳位接到 ESP32 的類比輸入腳位，讓 ESP32 讀取到可變電阻當下的旋轉角度對應到的數值。

Lab10 顯示可變電阻數值

實驗目的	讀取可變電阻的數值後顯示在 Thonny 的互動環境窗格中。

設計原理

分壓定理

電壓分配定理，也稱為分壓定理，是指在串聯電路中，各個電子元件分配到的電壓會與其電阻值成正比的關係，意思就是電阻值佔總電阻值的比例越大，則分配到的電壓越大，反之亦然：

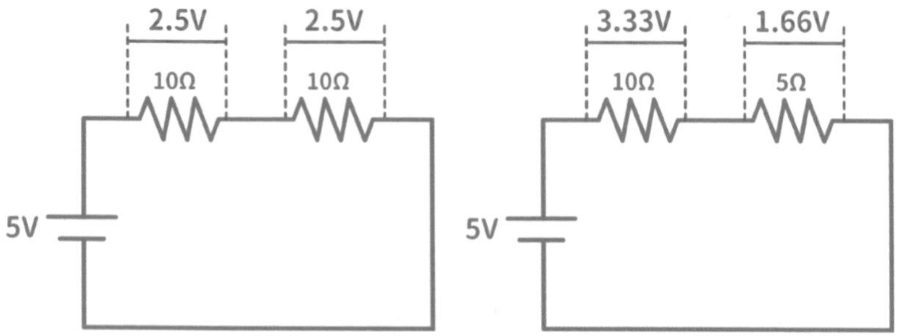

▲ 有關電壓、電阻、電流等更詳細的內容可以參考旗標創客產品 FM612A 電子電路入門活用篇。

在第 9 章與第 11 章都會使用到分壓定理做出不同的應用，在這裡只需要知道可變電阻的旋鈕會改變其內部電阻和電壓的分配比例即可。ESP32 的類比輸入腳位可以讀取到電路中隨著旋鈕而改變的電壓狀態 (2.5V、1.66V 等不同的電壓)，並轉換為 0~4095 的數值，偵測該數值的變化後就可以透過程式設計做出對應的事情。

程式設計

LAB10.py　顯示可變電阻數值　Thonny

```
1: from machine import ADC,Pin
2: import time
3:
4: adcChange = ADC(Pin(35))
5: adcChange.atten(ADC.ATTN_11DB)    # 可變電阻
6:
7: while True:
8:     print(adcChange.read())       # 顯示可變電阻值
9:     time.sleep(0.05)
```

- 第 4 行：建立一個類比腳位
- 第 5 行：ADC.ATTN_11DB 將該類比腳位的輸入參考電壓設定為 3.3 V，代表輸入電壓為 3.3 V 時會轉換為 4095
- 第 8 行：將類比腳位讀取到的數值顯示在互動視窗中

測試遊戲

按下 F5 執行程式後，旋轉手把上的黑色旋鈕，就可以看到互動式窗中的數值隨著旋鈕而變化，將旋鈕順時鐘轉到底時讀取到的數值為 0，逆時鐘旋轉旋鈕則數值漸增，轉到底時數值為 4095。

逆時鐘

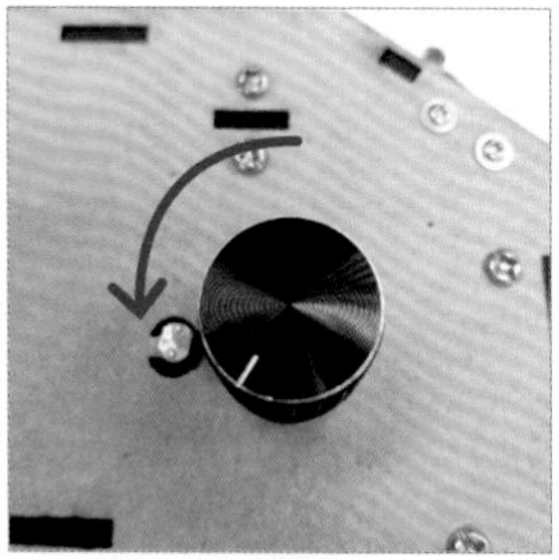

順時鐘

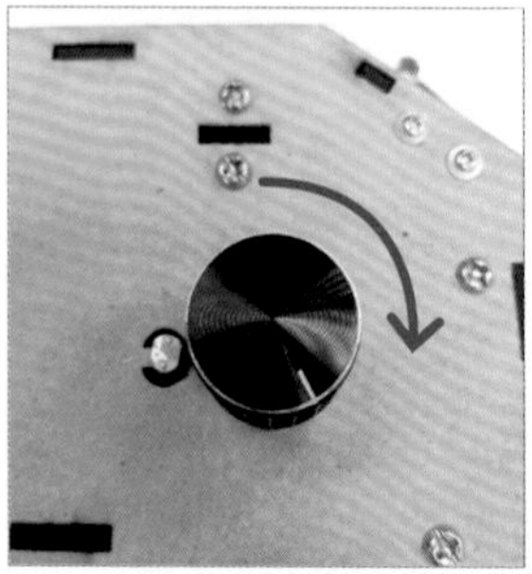

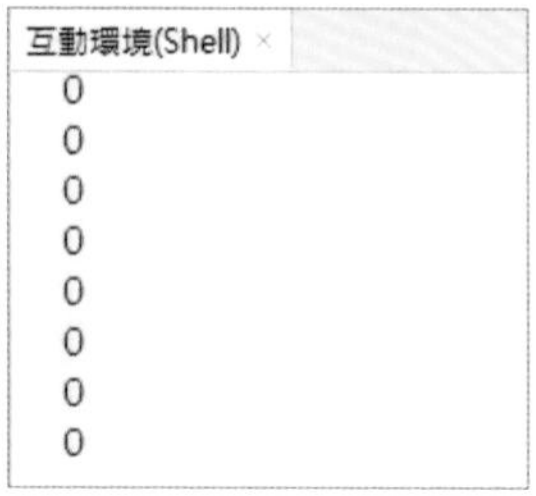

8-2 粒子系統

在 Unity 中，**粒子系統 (particle system)** 是很常見的遊戲特效，例如飄落的樹葉、飛濺的火花、滾落的碎石等，都可以藉由設計好的粒子系統展現出來。

Lab11 製作粒子特效

實驗目的 在 Unity 製作簡單的粒子特效。

實驗原理

粒子系統可以釋出多個粒子，各個粒子的顏色、大小、速度等特性都可以藉由調整粒子系統物件的參數來達成。

粒子系統的各種參數

- Duration：釋出粒子的持續時間
- Looping：不間斷地釋出粒子
- Start Speed：粒子釋出時的速度
- Start Size：粒子釋出時的大小
- Start Color：粒子的原始顏色

在 Unity 的腳本中可以用程式控制粒子系統物件的各個參數：

Visual studio

```
//將速度初始速度設定為 5
particleSystem.startSpeed = 5f;
//將粒子大小設定為 2
particleSystem.startSize = 2f;
```

Unity 操作

1. 在 Scenes 資料夾下新增 1 個場景並命名為 **LAB11**，並更換至此場景
2. 在 Scripts 資料夾下新增 1 個腳本並命名為 **Fire_1**
3. 點選 Hierarchy 窗格左上的 **+** 號，選擇『**Effects / Particle System**』，新增一個粒子系統物件

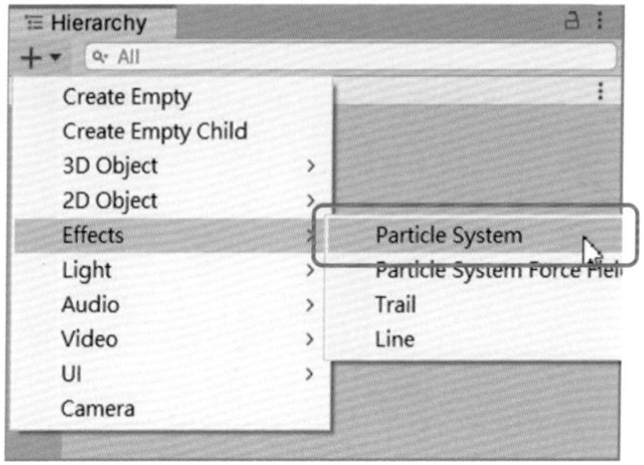

4. 將 Fire_1 腳本拉至粒子系統物件中
5. 設定粒子系統物件的位置為 (0, 0, 0)，旋轉角度為 (90, 0, 0)

Transform						
Position	X	0	Y	0	Z	0
Rotation	X	90	Y	0	Z	0

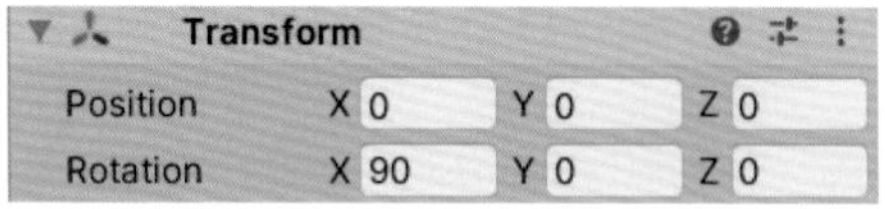

設定粒子系統的 Start Color 為紅色：

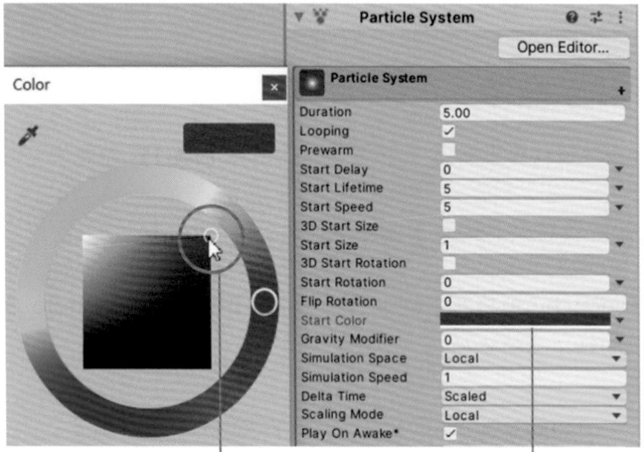

選擇紅色　　　　　　　　點擊此處

🎮 程式設計

Fire_1 腳本：

```
Fire_1                                              Visual studio

01: using UnityEngine;
02:
03: public class Fire_1 : MonoBehaviour
04: {
05:     ParticleSystem particleSystem;
06:     //此變數用於計時
07:     float temp = 0f;                            NEXT
08:     void Start()
09:     {
10:         particleSystem = GetComponent<ParticleSystem>();
11:     }
12:     void Update()
13:     {
14:         //當 temp 變數大於 10 則歸 0
15:         if (temp > 10) temp = 0f;
16:         //將粒子的初始速度設定為 temp 的數值再乘以 2
17:         particleSystem.startSpeed = temp * 2f;
18:         //每一幀疊加 temp 的數值
19:         temp += Time.deltaTime;
20:     }
21: }
```

temp 在此作為計數器，隨著時間增加，temp 的數值亦增加，將 temp 作為
粒子系統的參數數值可以使粒子系統的效果隨著時間而變化。

🎮 測試遊戲

按下 Unity 的執行按鈕，就可以在遊戲視窗中看到紅色的粒子不停往下釋出，
釋出的速度也會隨著時間而變化。

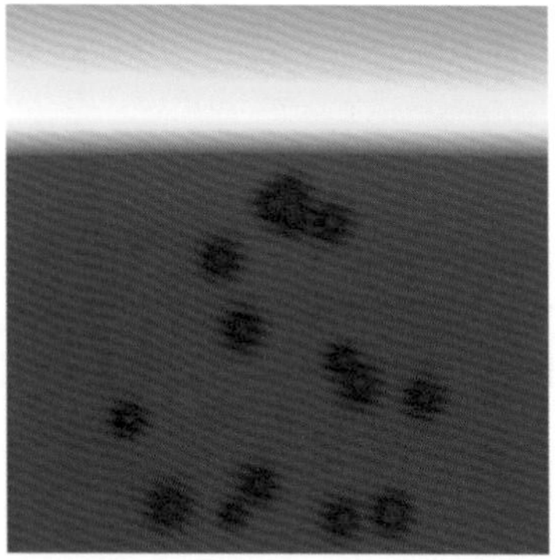

Lab12 互動 — 用旋鈕調控火焰大小

實驗目的 用手把的旋鈕控制 Unity 中粒子的速度與大小。

實驗原理

由於 ESP32 傳送到 Unity 的資料型別為字串，但在 Unity 中需要使用整數的資料型別做數值運算，所以這裡要將字串轉換為浮點數：

Visual studio

```
float fireFloat;
//使用 float 的 Parse() 方法將字串轉換為浮點數
fireFloat = float.Parse(message);
```

Unity 操作

1. 在 Scenes 資料夾下新增 1 個場景並命名為 **LAB12**, 並更換至此場景
2. 在 Scripts 資料夾下新增 1 個腳本並命名為 **Fire_2**
3. 新增一個粒子系統物件
4. 將 **Fire_2** 腳本拉至粒子系統物件中
5. 設定粒子系統物件的位置為 (0, 0, 0), 旋轉角度為 (90, 0, 0)
6. 設定粒子系統的 Start Color 為紅色
7. 將 Scripts 資料夾中的 **ESP32Connect_2** 腳本放入粒子系統中
8. 在粒子物件的 Inspector 視窗下 **ESP32Connect_2 (Script)** 中輸入你查到的序列埠編號

程式設計

Unity

Fire_2 腳本：

Fire_2 **設定粒子狀態** Visual studio

```
using UnityEngine;

public class Fire_2 : MonoBehaviour
{
    ParticleSystem particleSystem;
    ESP32Connect_2 connectESP32;

    void Start()
    {
        particleSystem = GetComponent<ParticleSystem>();
        connectESP32 = GetComponent<ESP32Connect_2>();
    }
    void Update()
    {
        string message = connectESP32.message;
        float fireFloat = 0f;
        try
        {
            fireFloat = float.Parse(message)/100f;
        }
        catch
        {
            Debug.Log("接收資料 : " + message);
        }
```

NEXT

```
25:         particleSystem.startSpeed = fireFloat * 10f;
26:         particleSystem.startSize = fireFloat * 2f;
27:     }
28: }
```

- 第 25、26 行：為了在畫面中可以清楚地觀察到粒子系統的變化，需要將轉換好的數值經過適當的運算後 (*10、*2)，再設定為粒子系統的參數。

ESP32

LAB12.py　調控火焰大小　Thonny

```
01: from machine import ADC,Pin
02: import time
03: 
04: adcChange = ADC(Pin(35))
05: adcChange.atten(ADC.ATTN_11DB)    # 可變電阻
06: 
07: def convert(x, in_min, in_max, out_min, out_max):
08:     return ((x - in_min) * (out_max - out_min) //
09:             (in_max - in_min) + out_min)   # //除完取商數
10: 
11: while True:
12:     change = convert(adcChange.read(),0,4095,0,55)
13:     print(change)
14:     time.sleep(0.05)
```

- 第 8、9 行：以 // 分隔為左右兩邊，將左值除以右值後取商數，此段程式碼目的為把類比腳位讀取到的數值 (0~4095) 等比例轉換為傳送到 Unity 的數值 (0~55)，由於數值太大會無法看出粒子系統的變化，經實測後得出 0~55 為觀測粒子系統變化的適當數值。

測試遊戲

1. 將 LAB12.py 儲存副本到 ESP32 中，並命名為 **main.py**
2. 斷開 ESP32 與 Thonny 的連線
3. 執行遊戲

執行遊戲後轉動手把的旋鈕，則可以看到畫面中的粒子系統隨著旋鈕而改變釋出速度與粒子大小。

逆時鐘轉到底

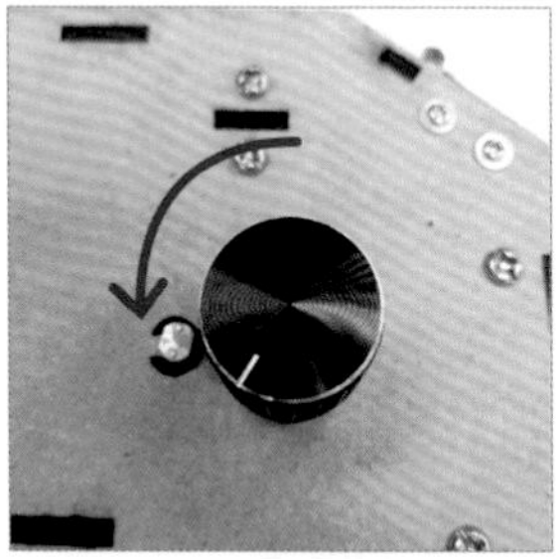

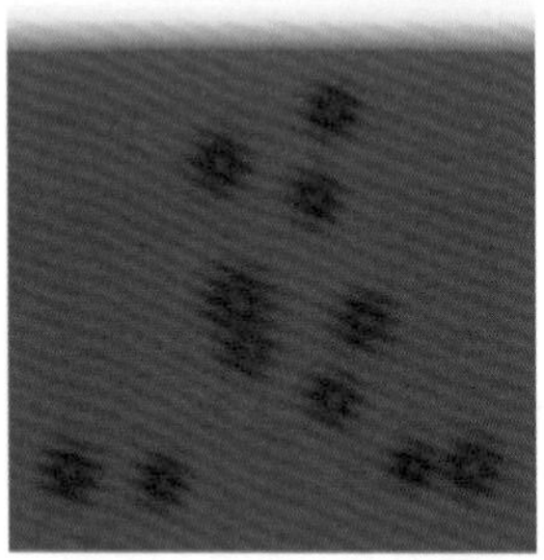

粒子最大

順時鐘轉到底

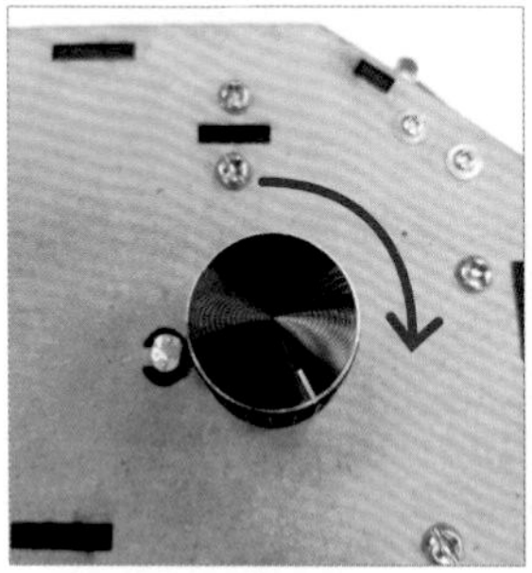

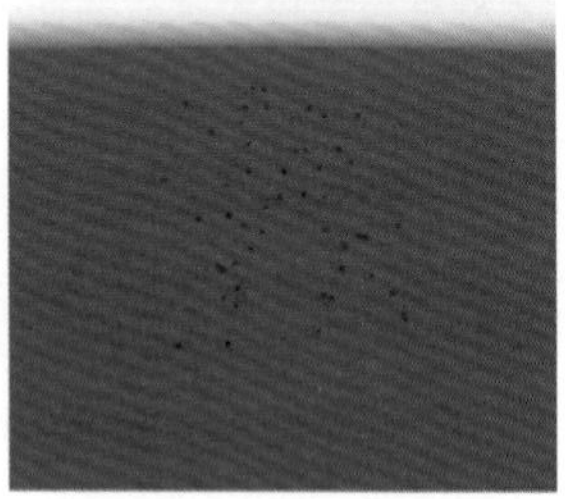

粒子最小

CHAPTER

09

使用光敏電阻迎接聖光降臨

前面章節學到的電子零件：振動馬達、類比搖桿和旋鈕都是比較常在遊戲手把上看到的元件，這一章就來介紹一個比較少出現在手把上的元件：光敏電阻，並利用它控制 Unity 的聚光燈。

9-1 光敏電阻

光敏電阻是一種會因為光線明暗而改變導電效應的電阻，它有著**光線越亮**，**電阻值越低**的特性。

Lab13 顯示光敏電阻數值

實驗目的	藉由分壓電路讀取光敏電阻的 ADC 值，並顯示於 Thonny 的互動環境。

設計原理

想要知道光敏電阻的電阻值就需要使用到第 8 章學過的分壓電路，但光敏電阻並不像可變電阻已經內建好分壓電路，所以除了光敏電阻外，還需要增加一個電阻：

根據光敏電阻的特性，光線越亮，電阻值越低，在分壓電路中得到越少的電壓。手把內目前的接線如下：

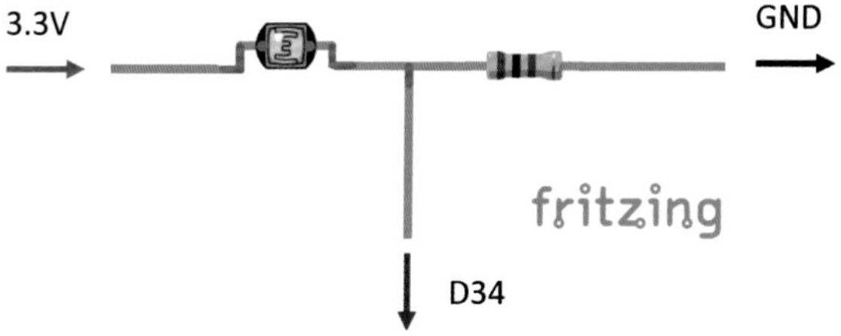

只要光越亮，光敏電阻的電阻小，就會分到越少電壓，而右側電阻分到的電壓就會越大，**ESP32 的 34 號腳位**量測到的電壓就會越大，因此類比輸入腳位就會得到越大的 ADC 值。

程式設計

LAB13.py　顯示光敏電阻數值　Thonny

```
from machine import ADC, Pin
import time

adcLight = ADC(Pin(34))     # 光敏電阻腳位
adcLight.atten(ADC.ATTN_11DB)

while True:
    print(adcLight.read()) # 顯示分壓值
    time.sleep(0.05)
```

測試程式

按下 F5 執行程式，互動環境會顯示分壓電路的 ADC 值：

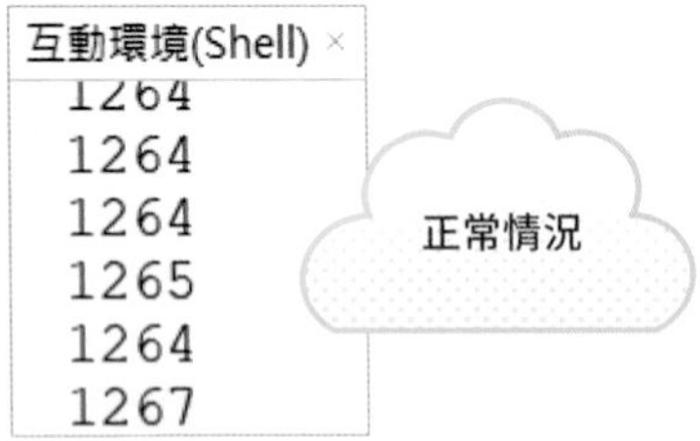

▲ 每個人所在區域的亮度不一，所以得到的值不一定與書中相近。

使用手電筒或是任何光源照射光敏電阻的感光區塊：

用手擋住光敏電阻的感光區塊：

9-2 Unity 聚光燈

聚光燈 (Spot Light) 是 Unity 中一種模擬手電筒的光源，其效果如下：

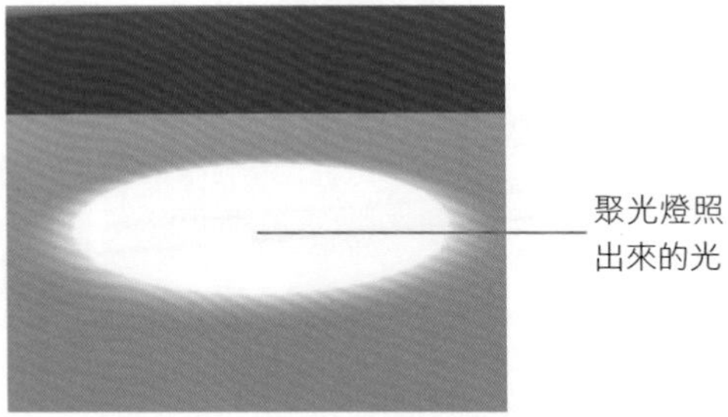

Lab14 呼吸聚光燈

實驗目的 在 Unity 中製作聚光燈，並更改其亮度來達到呼吸燈的效果。

設計原理

聚光燈的各種參數

- Range：燈光照射範圍
- Spot Angle：燈光照射角度。單位為**度**，範圍為 0~180
- Color：顏色
- Intensity：燈光強度。範圍沒有限制，此實驗中 25 就足夠亮了。

在本實驗中會使用 Unity 腳本設定其**燈光強度**：

設定燈光強度 Visual studio

```
// 設定燈光強度為 10.5
light.intensity = 10.5;
```

呼吸燈

當燈的亮度從小到大，再從大到小不斷重複，這循環的過程就像是呼吸一樣，因此稱為**呼吸燈**。

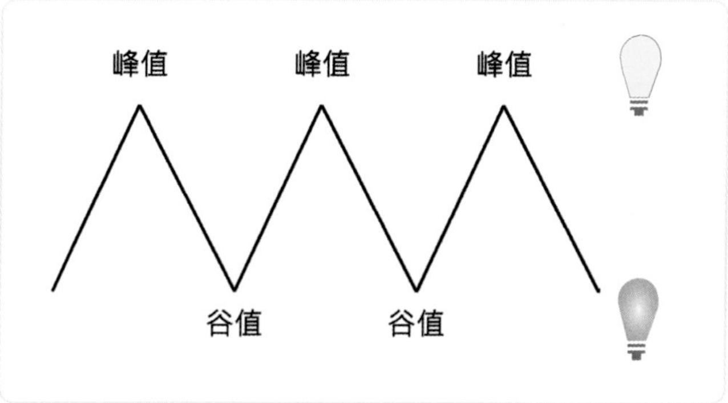

Unity 操作

1. 在 Scenes 資料夾下新增 **LAB14** 場景，並切換至此場景
2. 在 Scripts 資料夾下新增 1 個腳本並命名為 **ChangeIntensity_1**
3. 加入場地 **Low_Poly_Boat_Yard** 物件，並將**位置**設定為 (0, 0, 0)
4. 新增聚光燈物件：

5 設定聚光燈物件的位置和旋轉角度：

設定為 **30, 15, 0**

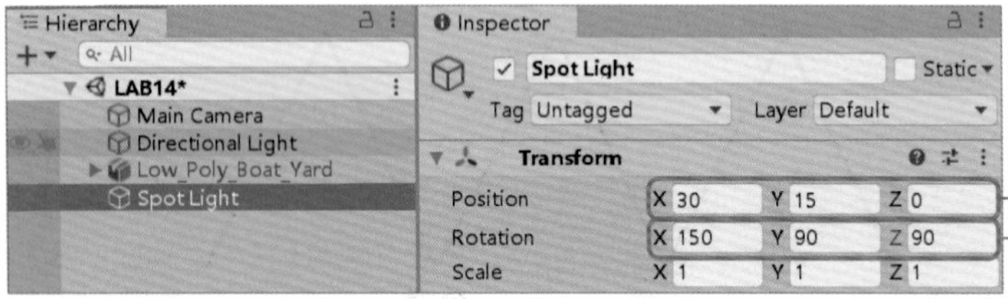

設定為 **150, 90, 90**

6 設定聚光燈物件的**照射距離 (Range)**、**照射角度 (Spot Angle)**、強度 (Intensity)：

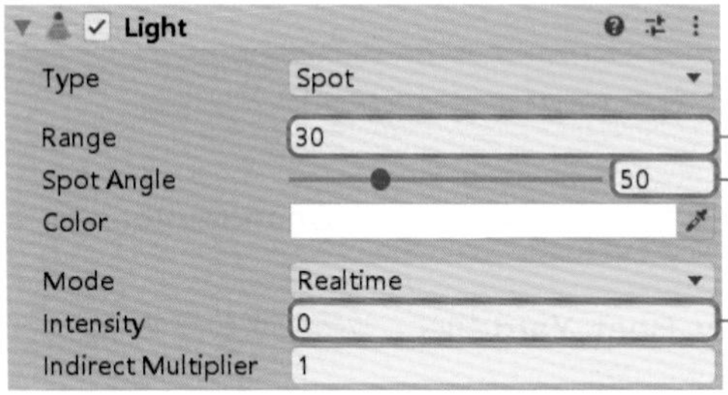

設定照射距離為 **30**

設定照射角度為 **50**

設定強度為 **0**

7 將 ChangeIntensity_1 腳本拉至聚光燈物件中

8 設定攝影機物件的位置和旋轉角度：

設定為 **35, 5, 0**

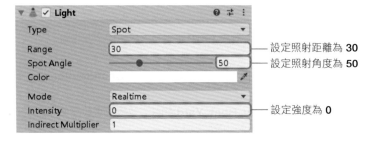

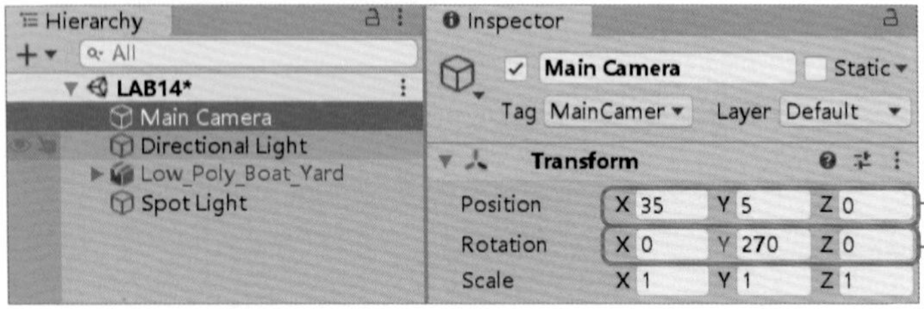

設定為 **0, 270, 0**

程式設計

ChangeIntensity_1 腳本：

ChangeIntensity_1 呼吸燈 Visual studio

```
using System.Collections;
using System.Collections.Generic;
using UnityEngine;

public class ChangeIntensity_1 : MonoBehaviour
{
    Light light;        // 宣告 燈光

    public float i = 0.1f;               // 亮度變化量
    public float now_intensity = 0f;   // 目前亮度

    // Start is called before the first frame update
    void Start()
    {
        // 取得元件
        light = GetComponent<Light>();
    }

    // Update is called once per frame
    void Update()
    {
        // 如果亮度大於 25 或小於 0，更改為遞減或遞增
        if (now_intensity > 25 || now_intensity < 0)
        {
            i *= -1;
        }
        // 目前亮度增加變化量
        now_intensity += i;
        // 將聚光燈亮度設定成目前亮度
        light.intensity = now_intensity;
    }
}
```

- 第 23-26 行：如果強度大於峰值 (25) 則更改成遞減，反之小於谷值 (0) 時更改成遞增。

▲ 第 25 行的變化量 i 乘以 -1 可以讓 i 切換成 1(遞增) 或是 -1(遞減)。

測試遊戲

按下執行鈕，就可以從**遊戲窗格**中看到聚光燈不斷遞增、遞減：

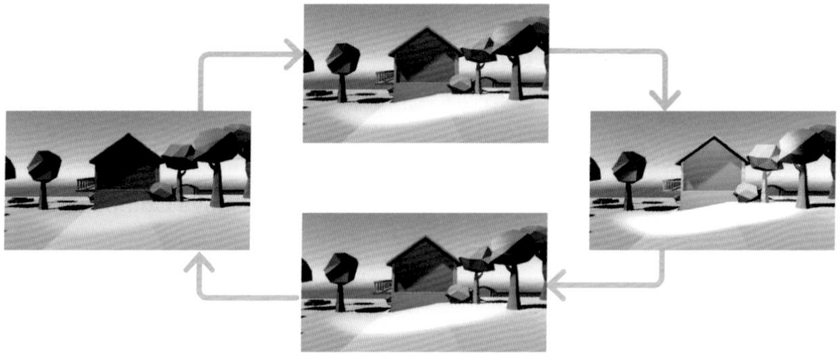

Lab15 互動 — 虛實手電筒

實驗目的 根據光敏電阻的 ADC 值調整 Unity 聚光燈的燈光強度。

設計原理

ESP32 程式執行後會將光敏電阻的 ADC 值每隔 0.05 秒加總 20 次並取平均值，將其設定為**正常狀態**。因為 Unity 的聚光燈在燈光強度 25 時就夠亮了，再往上加也看不出差別，所以將 ADC 值『正常狀態加 100』到『4095』等比例轉換成 0 到 25 再傳送至 Unity：

Thonny

```
# 加總 20 次 ADC 值
for i in range(20):
    light_min = light_min + adcLight.read()
    time.sleep(0.05)

# 除以 20 得到平均值
light_mean = light_min/20

# 正常狀態加 100 到 4095 等比例轉換成 0 到 25
light = convert(adcLight.read(),
                light_mean+100,4095,0,25)
```

▲ convert() 函式可參考第 8 章。

Unity 操作

為了減少操作的麻煩，這裡我們將複製上一個場景，就可以在複製好的場景中使用之前做好的物件與腳本了。

1 按下場景 LAB14：

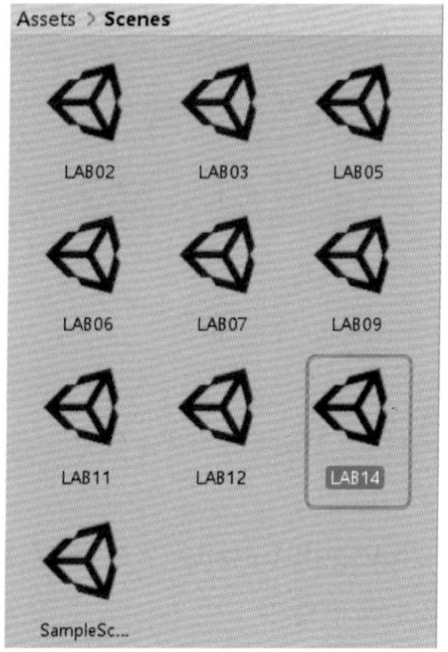

2 按下 Unity 的左上角的 Edit /Duplicate：

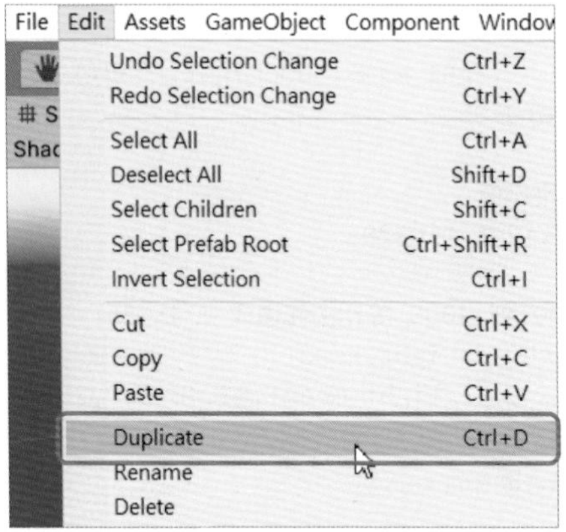

⚠ 也可以按下 ctrl + D 快捷鍵複製場景

3 複製好的場景會直接生成並自動命名為 **LAB15**：

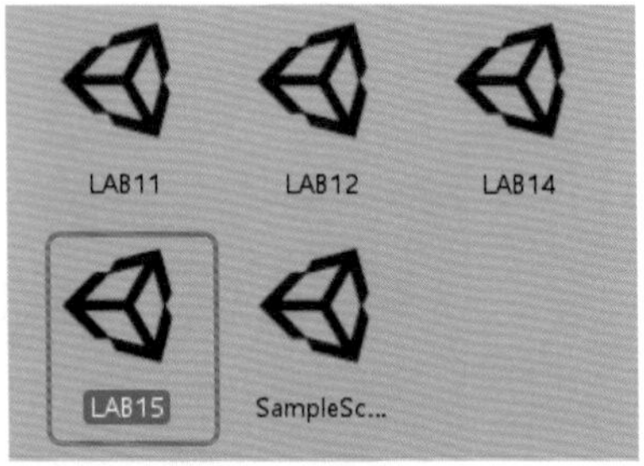

4 雙擊 LAB15 切換至該場景

5 在 Scripts 資料夾下新增 1 個腳本並命名為 **ChangeIntensity_2**

6 **將新建的 ChangeIntensity_2 和第 7 章建立的 ESP32Connect_2** 腳本拉至聚光燈物件中：

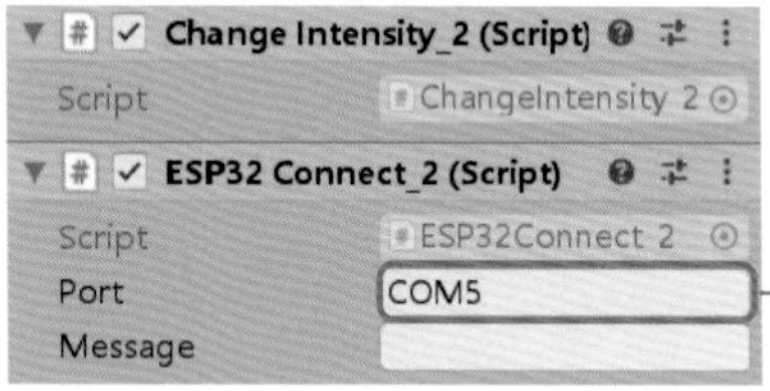

填入**序列埠編號**

7 在這個場景中不需要呼吸變化的 ChangeIntensity_1，所以**刪除 ChangeIntensity_1**：

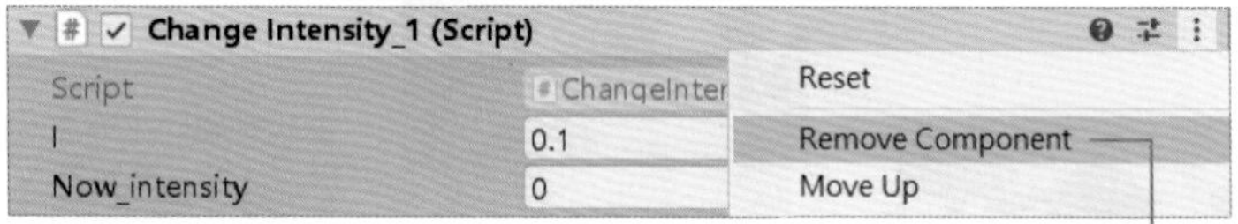

點選：**/ Remove Component**

程式設計

Unity

ChangeIntensity_2 腳本：

ChangeIntensity_2 **改變亮度** Visual studio

```
using System.Collections;
using System.Collections.Generic;
using UnityEngine;

public class ChangeIntensity_2 : MonoBehaviour
{
    Light light;
    ESP32Connect_2 connectESP32;

    // Start is called before the first frame update
    void Start()
    {
```

NEXT

```
13:         light = GetComponent<Light>();
14:         connectESP32 = GetComponent<ESP32Connect_2>();
15:     }
16:
17:     // Update is called once per frame
18:     void Update()
19:     {
20:         string message = connectESP32.message;
21:         // 將字串轉換成浮點數
22:         try
23:         {
24:             float lightFloat = float.Parse(message) / 1f;
25:             // 設定聚光燈亮度
26:             light.intensity = lightFloat;
27:         }
28:         catch
29:         {
30:             Debug.Log("message 不是數字");
31:         }
32:     }
33: }
```

- 第 22-27 行：如果傳送過來的值可以轉換成浮點數，將其設定成聚光燈的燈光強度。
- 第 28-31：如果無法轉換成浮點數，顯示其不是數字。

ESP32

LAB15.py　虛實手電筒　Thonny

```
from machine import ADC,Pin
import time

adcLight = ADC(Pin(34))         # 光敏電阻腳位
adcLight.atten(ADC.ATTN_11DB)
```

NEXT

```

light_min = 0                   # 最小亮度值

def convert(x, in_min, in_max, out_min, out_max):
    return ((x - in_min) * (out_max - out_min) //
            (in_max - in_min) + out_min)

# 加總 20 次 ADC 值
for i in range(20):
    light_min = light_min + adcLight.read()
    time.sleep(0.05)

# 除以 20 得到平均值
light_mean = light_min/20

while True:
    light = convert(adcLight.read(),
            int(light_mean)+100,4095,0,25)
    # 將負值更改為 0
    if light < 0:
        light = 0

    print(light)
    time.sleep(0.05)
```

測試遊戲

1. LAB.15py 儲存到 ESP32 中，並命名為 **main.py**
2. 斷開 ESP32 與 Thonny 的連接
3. 執行遊戲

執行遊戲後，用手電筒照光敏電阻的感光區塊，即可看到遊戲中的聚光燈也同時點亮。

CHAPTER

10

使用微動開關來強力射擊

本章會在 Unity 中發射魔法，並且學習如何使用手把上的微動開關，結合兩者，就可以使用微動開關來發射魔法。

10-1 微動開關

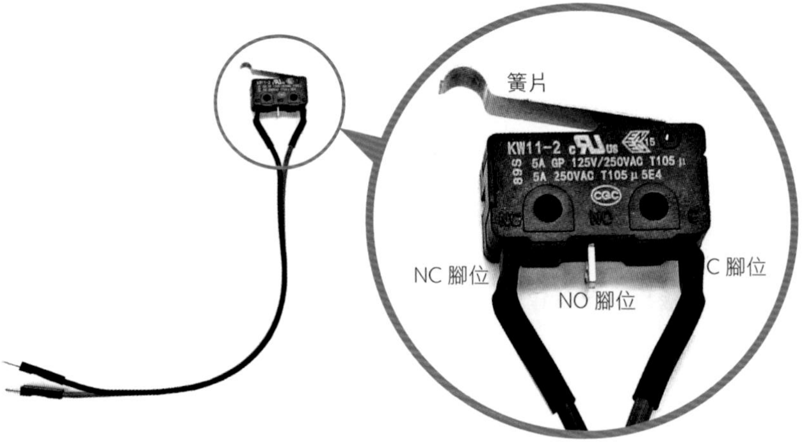

微動開關包含 3 個腳位：C(共接腳)、NC(常閉) 和 NO(常開), C 在沒按下簧片時會與 NC 腳位相連，而在按下簧片後，則會與 NO 腳位相連：

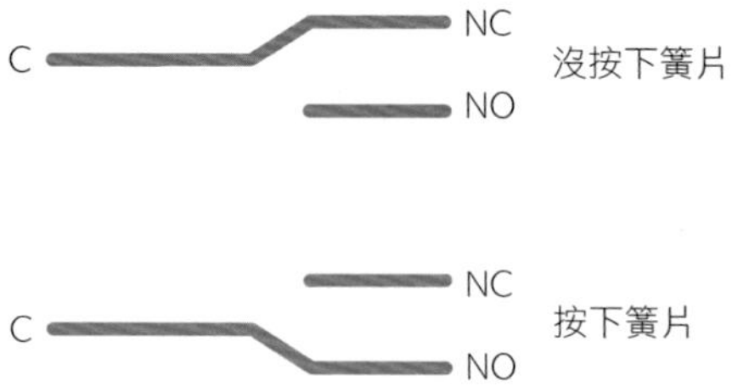

在上面的照片中可以看到目前**只使用 C 和 NC 腳位**，所以沒按下時接通，有按下時斷開。

Lab16 微動開關狀態

實驗目的 使用 ESP32 的 GPIO 腳位讀取微動開關的狀態。

設計原理

與第 7 章中讀取類比搖桿的按鈕相同，藉由 GPIO 腳位讀取開關是否按下，但請注意微動開關在沒按下開關時會接通，因此根據上拉電阻的特性，GPIO 腳位會讀取到**低電位**，反之按下時沒接通，因此讀到**高電位**。

▲ 按下時**高電位**，沒按下時**低電位**。

手把上共有 4 個微動開關，分別從右上、右下、左上和左下連接至 ESP32 的 23、22、21 和 19 腳位。

程式設計

LAB16.py **微動開關狀態** Thonny

```
from machine import Pin
import time

# 設定每個微動開關的腳位
buttonRightUp = Pin(23, Pin.IN, Pin.PULL_UP)
buttonRightDown = Pin(22, Pin.IN, Pin.PULL_UP)
buttonLeftUp = Pin(21, Pin.IN, Pin.PULL_UP)
buttonLeftDown = Pin(19, Pin.IN, Pin.PULL_UP)

while True:
    # 顯示 左上、右上開關狀態
    print(buttonLeftUp.value(),
          buttonRightUp.value())
    # 顯示 左下、右下開關狀態
    print(buttonLeftDown.value(),
          buttonRightDown.value())
    #多一行空格
    print('')
    time.sleep(0.05)
```

NEXT

測試程式

按下 F5 執行程式，即可看到互動環境一次顯示 4 個微動開關的狀態：

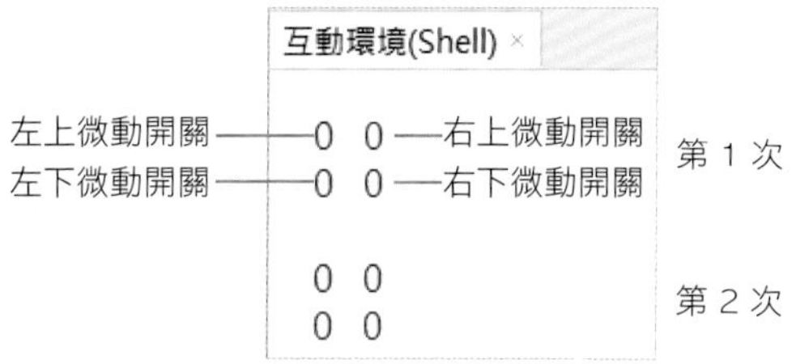

按下微動開關即可看到數值變成 1：

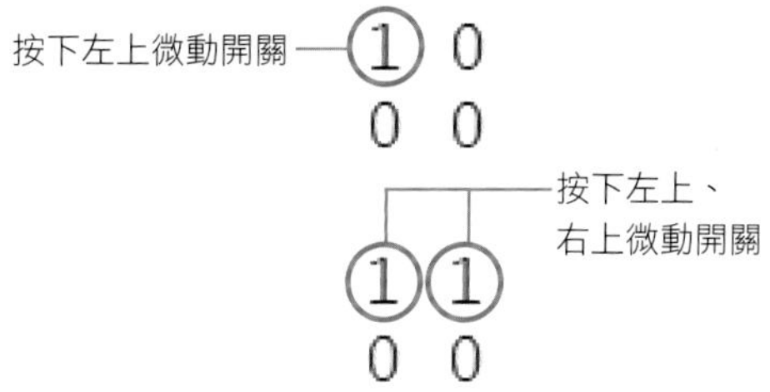

10-2 射出魔法彈

提到射擊是不是想到第 6 章就有發射過球體呢，沒錯，作法相似，只是將自動發射更改為**按建發射**。

Lab17 魔法射擊

實驗目的 按下 ↑ 鍵來發射魔法（粒子特效）。

設計原理

既然此實驗都提到了魔法，只發射球體一點都不像，反而是前面章節提過的粒子特效更加適合，而粒子特效也可以使用 **Rigidbody** 的 AddForce() 函式做到射擊的效果。

與發射球體時一樣會使用**工廠**和**設計圖**，這邊的設計圖就是粒子特效。

指定時間刪除物體

物件在產生後，可以使用 Destroy() 函式指定多少時間後消失：

Visual studio

```
Destroy(gameObject, 2.0f);  // 2 秒後刪除物件
```

Destroy() 的第 2 個參數可以指定刪除時間，單位為**秒**。

Unity 操作

1 從 Asset store 中匯入粒子特效：

1 搜尋框中輸入 **Simple FX - Cartoon Particles** 並按下 Enter

2 點擊**圖示**

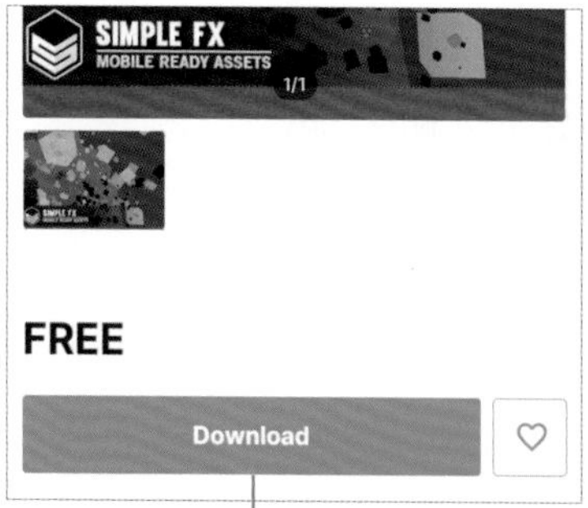

3 點擊 **Download**

4 點擊 **Import**

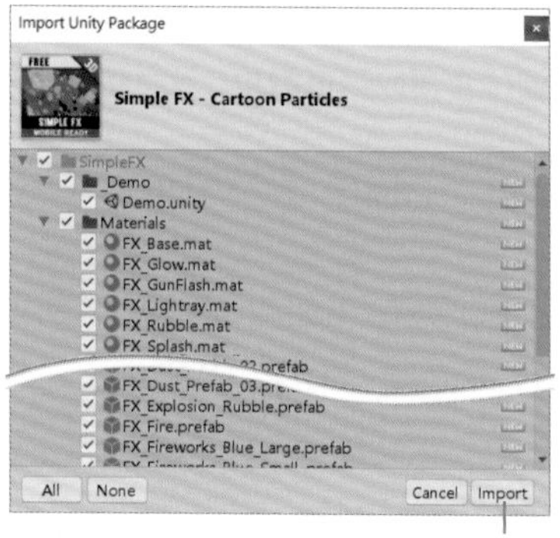

5 點擊 **Import**

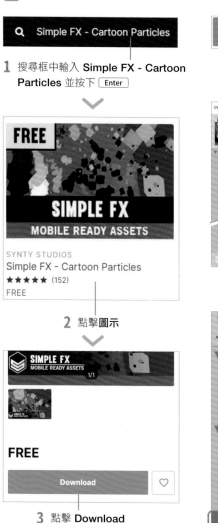

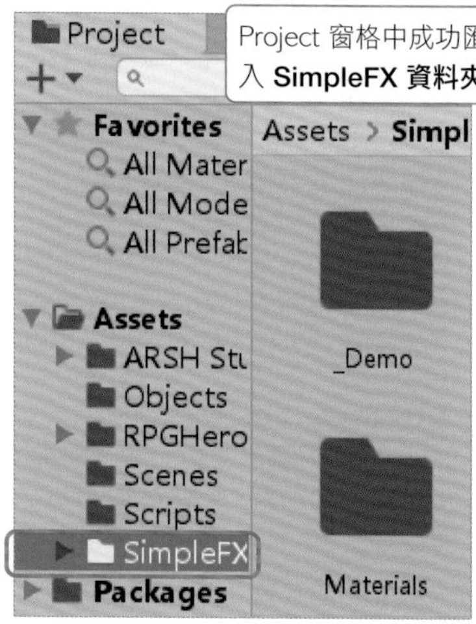

Project 窗格中成功匯入 **SimpleFX 資料夾**

2 在 Scenes 資料夾下新增 **LAB17** 場景，並切換至此場景

3 在 Scripts 資料夾下新增 2 個腳本並分別命名為 **Generator_2**、**Shoot_2**

4 加入場地 **Low_Poly_Boat_Yard** 物件，並將**位置**設定為 (0, 0, 0)

5 設定攝影機**位置**為 (45, 4, -22)、**角度**為 (0, 270, 0)

6 將粒子特效加入遊戲中：

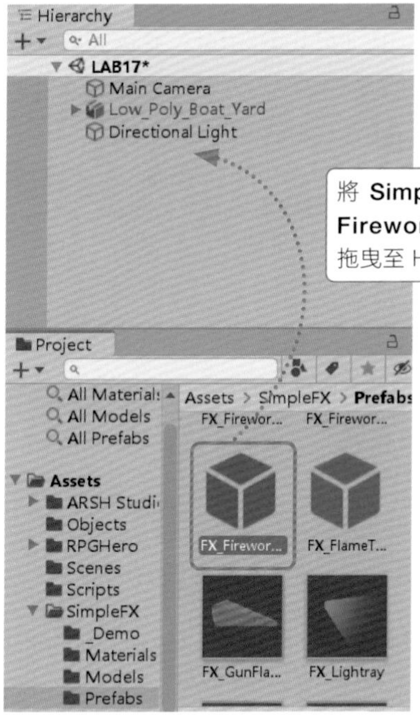

7 更改粒子特效的位置和效果：

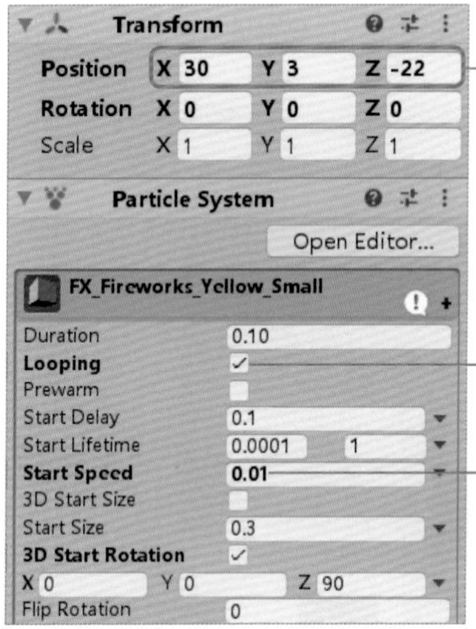

8 將 **Rigidbody 元件**和 **Shoot_2 腳本**加入粒子特效中，再如下設定：

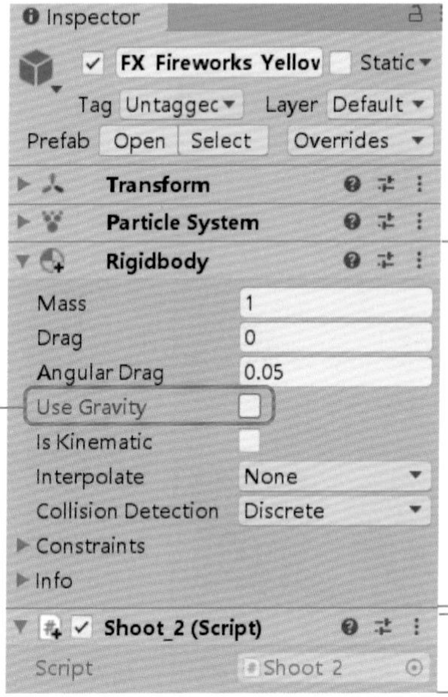

9 將增加完元件的粒子特效製作成**設計圖**，並刪除遊戲中的粒子特效：

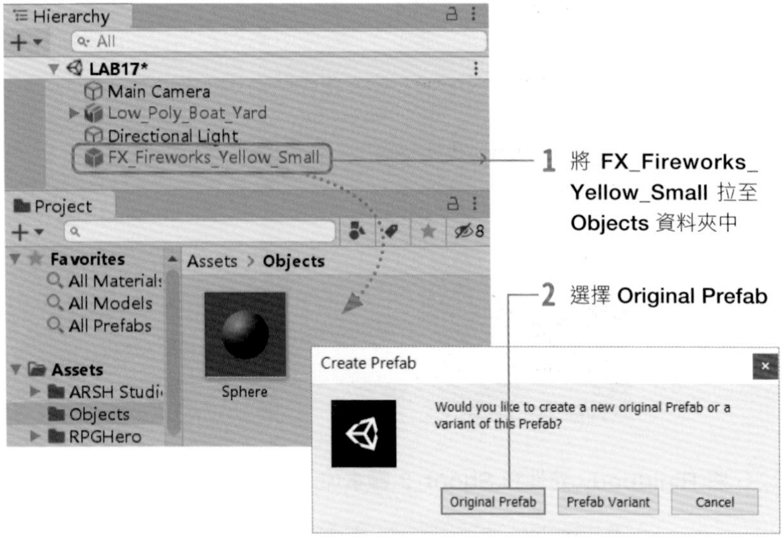

1 將 **FX_Fireworks_Yellow_Small** 拉至 **Objects** 資料夾中

2 選擇 **Original Prefab**

▲ 步驟 6 中將 Fireworks_Yellow_Small (設計圖 A) 拉進遊戲中，再經過步驟 7、8 後增加了屬性。為了將增加完屬性的物件變為設計圖(設計圖 B)，需將物件拉回 Project 窗格，這時可以選擇 **Original Prefab** 或是**Prefab Variant**，Prefab Variant 會讓設計圖 B 隨設計圖 A 後續的變動而跟著變動，Original Prefab 則會讓設計圖 B 獨立，與設計圖 A 互不相干。

3 將遊戲中的 FX_Fireworks_Yellow_Small 刪除

FX_Fireworks_Yellow_Small 加入到 Objects 資料夾中

10 將 **Generator_2** 腳本拉至 Main Camera 物件中

程式設計

Shoot_2 腳本：

Shoot_2 **魔法射擊** Visual studio

```
using System.Collections;
using System.Collections.Generic;
using UnityEngine;

public class Shoot_2 : MonoBehaviour
{
    // Start is called before the first frame update
    void Start()
    {
        // 射擊
        shoot(new Vector3(-1000, 0, 0));
        // 2 秒後刪除物件
        Destroy(gameObject, 2.0f);
    }

    // Update is called once per frame
    void Update()
    {

    }

    // 射擊
    public void shoot(Vector3 dir)
    {
        GetComponent<Rigidbody>().AddForce(dir);
    }
}
```

Generator_2 腳本：

Generator_2　工廠腳本　Visual studio

```
using System.Collections;
using System.Collections.Generic;
using UnityEngine;

public class Generator_2 : MonoBehaviour
{
    public GameObject magicPrefab;

    Vector3 _moveDir = Vector3.zero;

    // Start is called before the first frame update
    void Start()
    {

    }

    // Update is called once per frame
    void Update()
    {
        if (Input.GetKeyDown("up"))
        {
            // 將設計圖實體化
            GameObject magic = Instantiate(magicPrefab)
                as GameObject;
            // 出現位置
            magic.transform.position = new Vector3(50, 3, -22);
        }
    }
}
```

測試遊戲

1. 將**粒子特效設計圖**放入 Generator_2 腳本的 **Magic Prefab** 中：

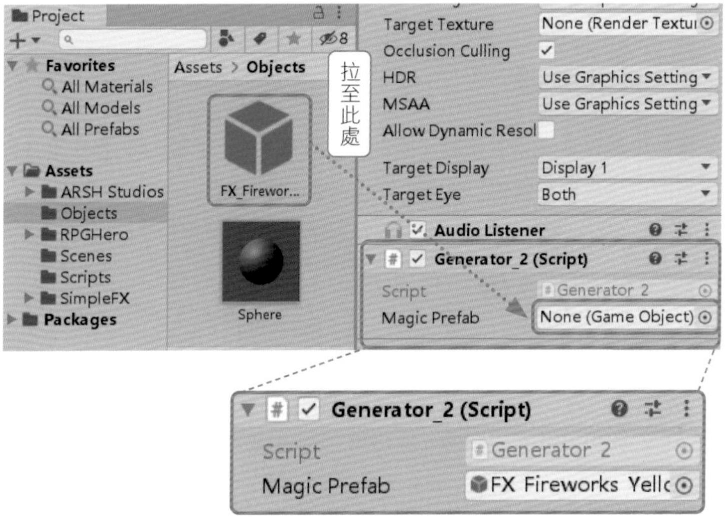

2. 按下 Unity 的執行遊戲

3. 按下 [↑] 即可射擊出粒子特效，而粒子特效會在 2 秒後消失：

Lab18 互動 — 用微動開關來強力射擊

實驗目的 按下手把上的微動開關來發射魔法

設計原理

此實驗中為了避免按著微動開關就可以連續發射，所以要判斷按下微動開關的瞬間再發送**射擊資料**，持續按著並不會不斷發射。

Unity 操作

1. 複製 **LAB17 場景**，Unity 會自動命名為 **LAB18**
2. 建立 **Generator_3 腳本**，並拉至 Main Camera 物件中
3. 刪除 Main Camera 物件中的 **Generator_2 腳本**
4. 將第 7 章建立的 **ESP32Connect_2 腳本**拉至 Main Camera 物件中
5. 在 ESP32Connect_2 (Script) 的 Port 中填入**序列埠編號**

程式設計

Unity

Generator_3 腳本：

Generator_3 工廠 Visual studio

```
using System.Collections;
using System.Collections.Generic;
using UnityEngine;

public class Generator_3 : MonoBehaviour
{
    public GameObject magicPrefab;
    ESP32Connect_2 ESP32connect;
    bool prevIss = false;  // 前一次是否為 s

    // Start is called before the first frame update
    void Start()
    {
        ESP32connect = GetComponent<ESP32Connect_2>();
    }

    // Update is called once per frame
    void Update()
    {
        string message = ESP32connect.message;

        if (message == "s" && prevIss == false)
        {
            // 將設計圖實體化
            GameObject magic = Instantiate(magicPrefab)
               as GameObject;
            // 出現位置
            magic.transform.position = new Vector3(50, 3, -22);
            prevIss = true;
        }
        else if (message == "g")
        {
            prevIss = false;
        }

    }
}
```

- 第 22-30 行：**接受到資料 s 且前一次不是接收到資料 s** 時，使用設計圖建立粒子特效。

ESP32

LAB18.py 互動 – 魔法射擊 Thonny

```
01: from machine import Pin
02: import time
03:
04: buttonRightUp = Pin(23, Pin.IN, Pin.PULL_UP)
05: buttonRightDown = Pin(22, Pin.IN, Pin.PULL_UP)
06: buttonLeftUp = Pin(21, Pin.IN, Pin.PULL_UP)
07: buttonLeftDown = Pin(19, Pin.IN, Pin.PULL_UP)
08:
09: while True:
10:     # 如果按下右上的微動開關
11:     if(buttonRightUp.value()==1):
12:         print('s')
13:
14:     # 如果沒按下微動開關
15:     if(buttonRightUp.value()==0):
16:         print('g')
17:
18:     time.sleep(0.05)
```

- 第 11-12 行：按微動開關時，發送 s 給 Unity
- 第 15-16 行：沒按微動開關時，發送 g 給 Unity

測試遊戲

1. LAB18.py 儲存到 ESP32 中，並命名為 **main.py**
2. 斷開 ESP32 與 Thonny 的連接
3. 將**粒子特效設計圖**放入 Generator_3 腳本的 **Magic Prefab** 中
4. 執行遊戲

執行遊戲後，即可使用手把**右上的微動開關**發射魔法。

CHAPTER

11

武器切換 Switch!

在進行本套件的遊戲時可以切換三種不同的武器，在手把上插入不同的武器元件，遊戲中的角色就會配備對應的武器。在本章就要帶您了解如何使用之前學過的技巧做出此效果。

11-1 分壓電路應用

第 8 章介紹過的**分壓電路**讓我們可以用 ESP32 上的腳位連接不同阻值的電阻，讀取到不同的數值：

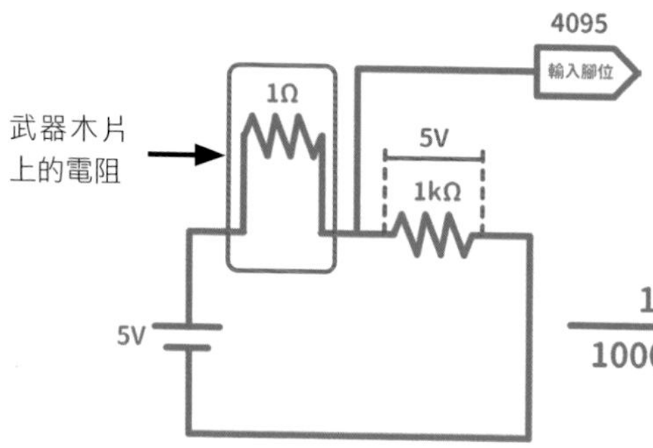

$$\frac{1000\Omega}{1000\Omega + 1\Omega} = \frac{1000\Omega}{1001\Omega} \fallingdotseq 1$$

$$1 \times 4095 = 4095$$

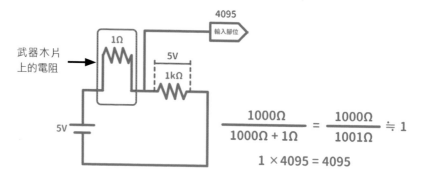

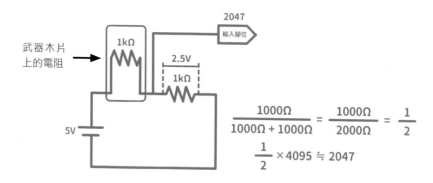

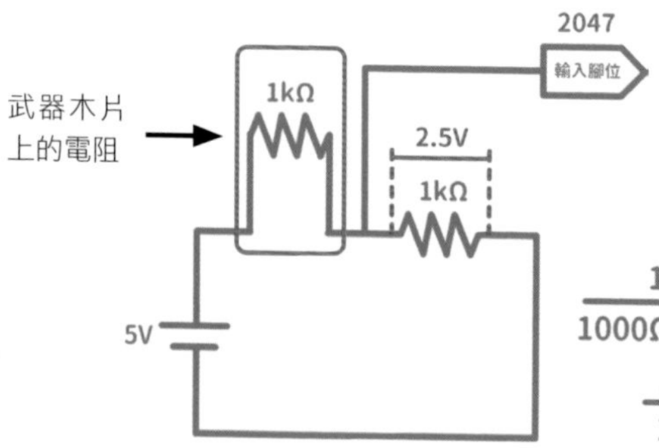

$$\frac{1000\Omega}{1000\Omega + 1000\Omega} = \frac{1000\Omega}{2000\Omega} = \frac{1}{2}$$

$$\frac{1}{2} \times 4095 \fallingdotseq 2047$$

▲ 實際讀取到的數值會因電阻器的誤差值而有所不同。上圖中的各項數值為方便解說而設計，與手把中的電路數值並非完全相同。

藉由適當分配電壓比例，設計出切換武器的電路，就可以讓 ESP32 依照插入電阻的不同而執行不同的任務。

Lab19　更換手把武器

實驗目的　將三個組裝好的武器元件放置到手把上，檢視類比腳位讀取到的數值。

設計原理

藉由分壓電路的特性，設計出裝配不同電阻值電阻的各種武器：

武器對應電阻值及類比數值	電阻值（歐姆）	類比數值
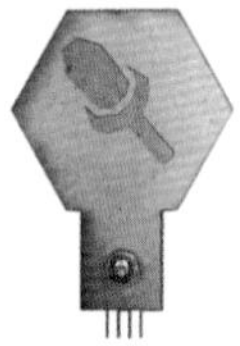	10000	372
	1000	2047
	1	4095

由於每一顆電阻的電阻值都有誤差，所以你在操作時讀取到的數值並不一定剛好是表中對應到的數值。

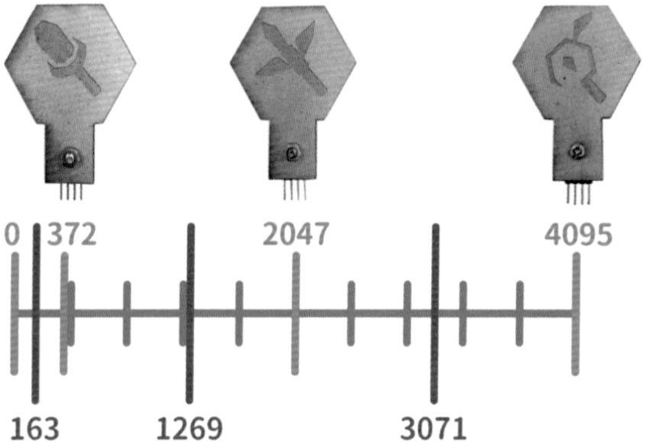

上圖中由左至右為類比數值的範圍 0~4095，綠線標示的數值為不接武器以及接上各武器時的理論類比數值，紅線大約為各綠線區段的中間值，我們可以用紅線的數值作為判斷。

程式設計

LAB19.py　**替換手把武器並輸出資料**　Thonny

```
from machine import ADC,Pin
import time

adcWeapon = ADC(Pin(39))
adcWeapon.atten(ADC.ATTN_11DB)    # 武器電阻

# 換武器(各式電阻)
def Weapon():
    if(adcWeapon.read()>163 and adcWeapon.read()<1269):
        print('x')
    elif(adcWeapon.read()>=1269 and adcWeapon.read()<3071):
        print('y')
    elif(adcWeapon.read()>=3071):
```

NEXT

```
14:         print('z')
15:     elif(adcWeapon.read()<=163):       # 沒插電阻時
16:         print('n')
17:
18: while True:
19:     Weapon()
20:     time.sleep(0.05)
```

- 第 9~16 行：當插入手把的武器電阻值為 **1 / 1000 / 10000** 歐姆時，類比腳位會讀取到的數值有很大機率會落在 **3071~4095 / 1269~3071 / 163~1269** 的區間內，而不接武器時則會讀取到低於 **163** 的類比數值。

測試遊戲

將各個武器元件插入手把後，可以看到互動視窗中印出該武器對應到的值。

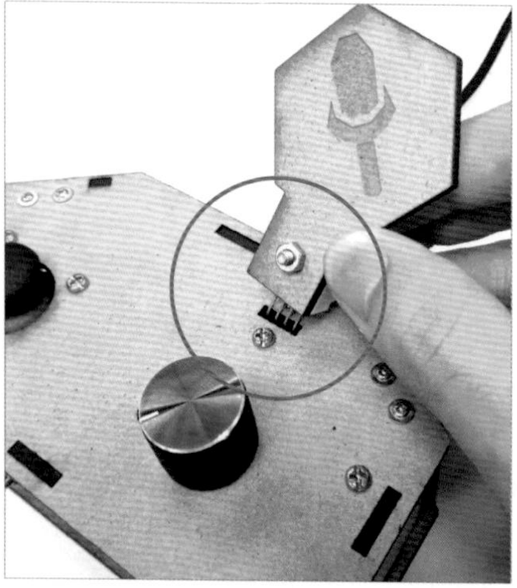

將武器元件插入手把

⚠ 插入武器元件時不用區分方向性

11-2 Unity 設定物件狀態

切換武器時會用到的手把硬體部分完成後，再來設計 Unity 在接收到訊號時要做的事情。

Lab20 切換武器

實驗目的	在 Unity 中設計切換武器的效果，按下鍵盤按鈕後顯示對應的物件。

設計原理

在遊戲中會用到不同的 GameObject 物件代表不同的武器，使用 **GameObject** 物件的 **SetActive** 方法，可以設定各種武器是否**啟用 (Active)**：

Visual studio

```
//建立一個遊戲物件名為 weapon1
public GameObject weapon1;
//將此遊戲物件設定為不啟用
weapon1.SetActive(false);
```

當一個遊戲物件設定為不啟用時，該物件底下的各個腳本、元件，包括其外型皆不產生作用，達到隱藏該物件的效果，我們可以使用此方法切換各種武器。

在操作多個遊戲物件時為了統一位置與旋轉角度，需要先建立一個空的物件，再將每個遊戲物件放到該空物件底下成為**子物件**，如此就能更方便地管理多個遊戲物件了。

Unity 操作

1 在 Scenes 資料夾下新增 1 個場景並命名為 **LAB20**, 並更換至此場景

2 在 Hierarchy 窗格中的空白處按下滑鼠右鍵，按下 **Create Empty**, 會建立一個 GameObject：

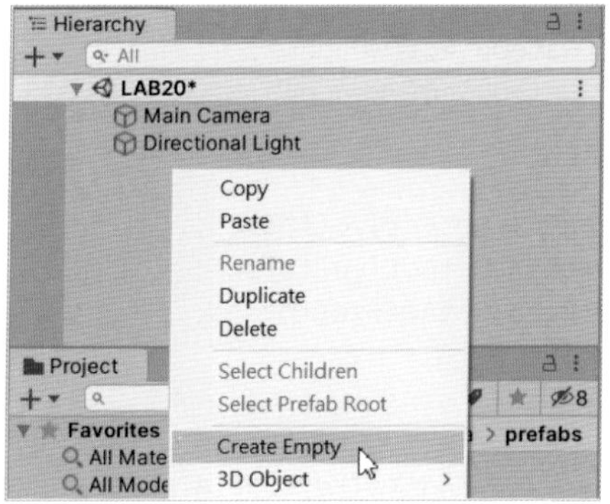

3 將 GameObject 重新命名為 Weapons：

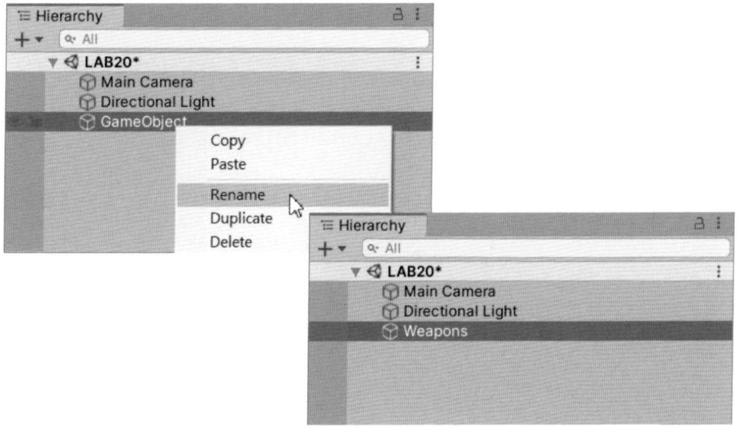

4 在 Unity Asset Store 中搜尋 **Fantasy medieval weapon** 並匯入此素材至專案資料夾中：

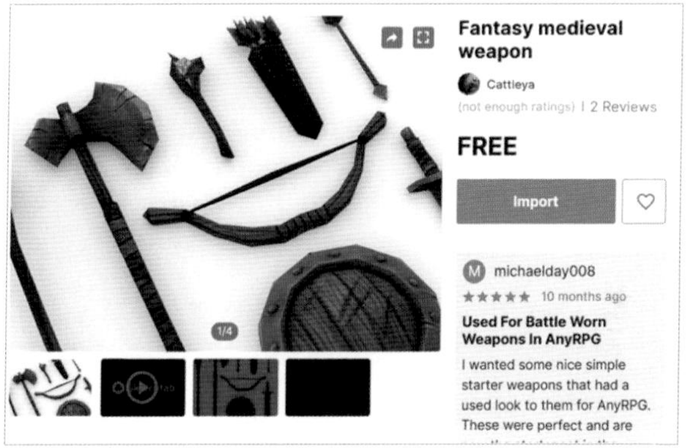

▲ 匯入素材的詳細步驟請參考第 4 章

5 到 Unity 的 **Project** 窗格中的『**Assets/Cattleya/prefabs**』, 將 **stick**、**sword1** 和 **shield** 物件拖移至 Hierarchy 窗格中的 Weapons 物件中：

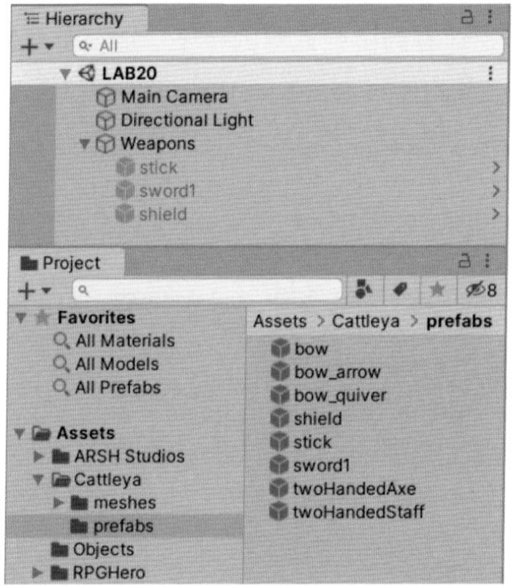

▲ stick、sword1、shield 三個物件在 Weapons 物件底下的順序並不會影響此實驗中的結果。

6 在 Scripts 資料夾下新增 1 個腳本並命名為 **ChangeWeapon_1**

7 點選 Weapons 物件，將剛建立好的 ChangeWeapon_1 腳本拖移至此物件中：

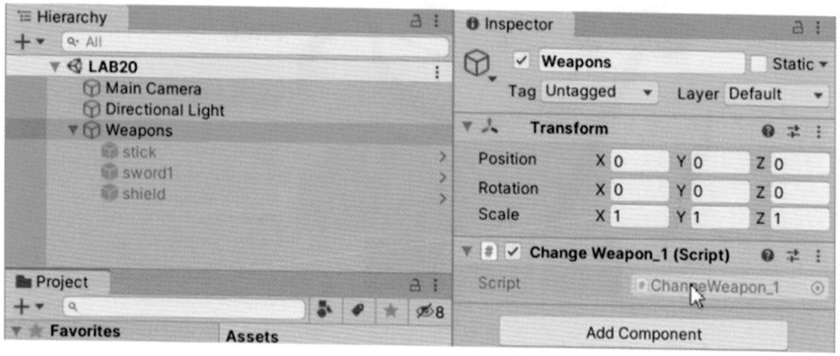

8 將 Weapons、stick、sword1、shield 這四個物件的 Position 設定為原點

9 為了能在遊戲中清楚地看到這些武器的樣子，這裡需要將 stick、sword1、shield 這三個物件的 Rotation 中的 x 參數都設定為 -90 使其立起來，並將 Scale 都設定為 (10, 10, 10)，讓武器變大：

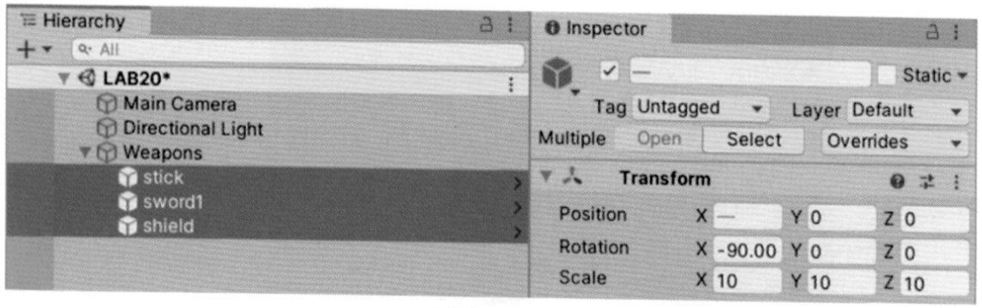

程式設計

ChangeWeapon_1 替換武器 Visual studio

```
using UnityEngine;

public class ChangeWeapon_1 : MonoBehaviour
{
    public GameObject weapon1;
    public GameObject weapon2;
    public GameObject weapon3;
    void Start()
    {
        weapon1.SetActive(false);
        weapon2.SetActive(false);
        weapon3.SetActive(false);
    }
    void Update()
    {
        if (Input.GetKey(KeyCode.Alpha1))     // 按下數字鍵 1
        {
            weapon1.SetActive(true);
            weapon2.SetActive(false);
            weapon3.SetActive(false);
        }
        else if (Input.GetKey(KeyCode.Alpha2))// 按下數字鍵 2
        {
            weapon1.SetActive(false);
            weapon2.SetActive(true);
            weapon3.SetActive(false);
        }
        else if (Input.GetKey(KeyCode.Alpha3)) // 按下數字鍵 3
        {
            weapon1.SetActive(false);
            weapon2.SetActive(false);
            weapon3.SetActive(true);
        }
    }
}
```

- 第 16 行：Input.GetKey(KeyCode.Alpha1) 方法在玩家按下鍵盤左方數字鍵 1 時回傳 true
- 第 18~20 行：啟用 weapon1，不啟用 weapon2 和 weapon3，之後的 22~27 和 28~33 行則分別是只啟用 weapon2 和 weapon3 的狀況

測試遊戲

1. 儲存 ChangeWeapon_1 腳本後，到 Unity 查看 Weapons 物件的 ChangeWeapon_1 元件中，有三個 **None (Game Object)** 物件：

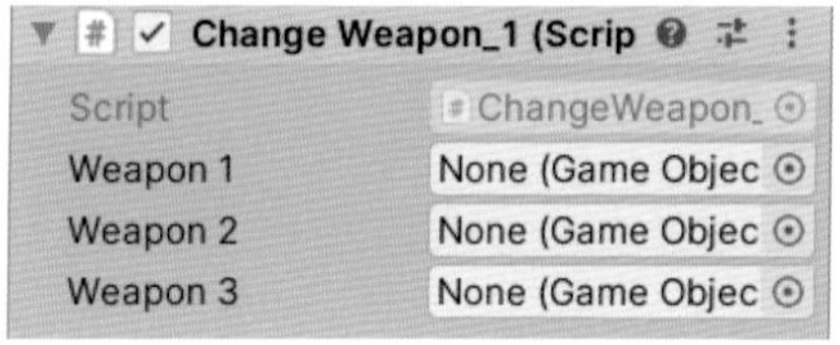

2. 分別把 Weapons 物件底下的 stick、sword1、shield 物件拖移到 ChangeWeapon_1 腳本中的 Weapon1、Weapon2、Weapon3 空格中：

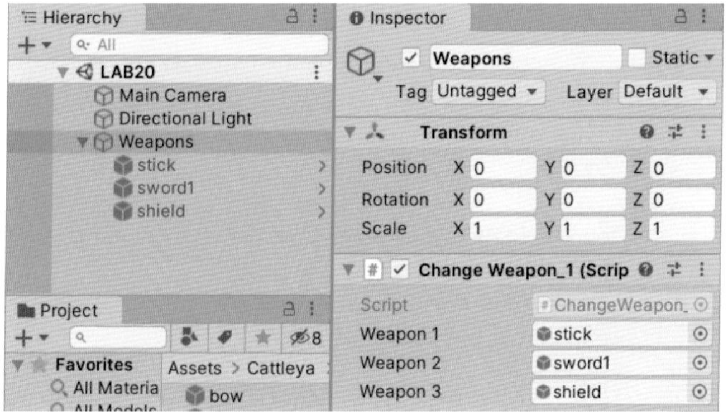

3. 按下**執行**開始遊戲之後，按下鍵盤左方的數字鍵 1 會出現法杖、按下 2 會出現長劍、按下 3 會出現盾牌。

Lab21 互動 — 用實體道具切換武器

實驗目的	在實體手把上更換不同的武器，使 Unity 遊戲中的武器同時切換。

實驗架構圖

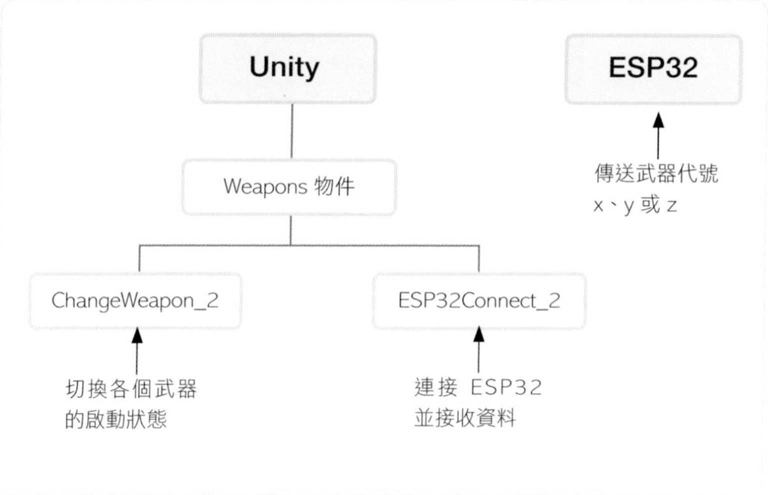

Unity 操作

1. 複製場景 LAB20

2. 右鍵點選 Weapons 物件的 ChangeWeapon_1 元件，並選擇 **Remove Component** 刪除此元件：

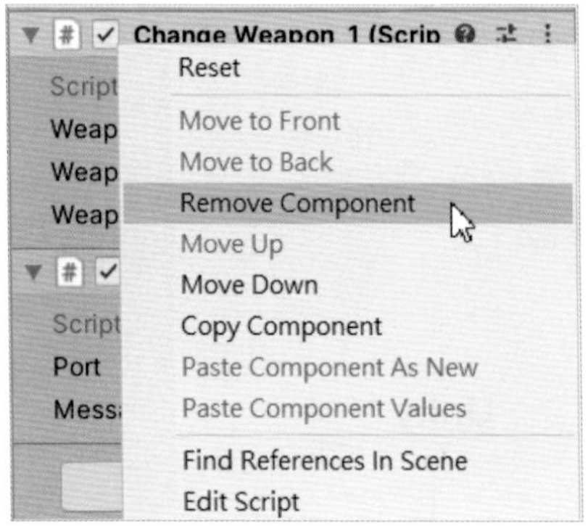

3. 新增腳本名為 **ChangeWeapon_2**

4. 將 **ChangeWeapon_2** 腳本拖移新增至 Weapons 物件中

5. 將 **ESP32Connect_2** 腳本拖移新增至 Weapons 物件中

6. 輸入序列埠編號

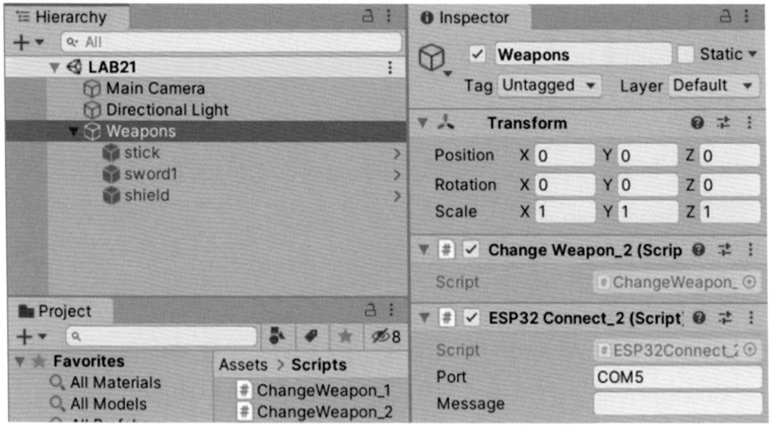

程式設計

Unity

ChangeWeapon_2 接收資料並替換武器 Visual studio

```
using UnityEngine;

public class ChangeWeapon_2 : MonoBehaviour
{
    ESP32Connect_2 connectESP32;

    public GameObject weapon1;
    public GameObject weapon2;
    public GameObject weapon3;
    void Start()
    {
        connectESP32 = GetComponent<ESP32Connect_2>();
        weapon1.SetActive(false);
        weapon2.SetActive(false);
        weapon3.SetActive(false);
    }
```

NEXT

```
    void Update()
    {
        string message = connectESP32.message;
        // 按下數字鍵 1 或手把傳送 x
        if (Input.GetKey(KeyCode.Alpha1) || message == "x")
        {
            weapon1.SetActive(true);
            weapon2.SetActive(false);
            weapon3.SetActive(false);
        }
        // 按下數字鍵 2 或手把傳送 y
        else if (Input.GetKey(KeyCode.Alpha2) || message == "y")
        {
            weapon1.SetActive(false);
            weapon2.SetActive(true);
            weapon3.SetActive(false);
        }
        // 按下數字鍵 3 或手把傳送 z
        else if (Input.GetKey(KeyCode.Alpha3) || message == "z")
        {
            weapon1.SetActive(false);
            weapon2.SetActive(false);
            weapon3.SetActive(true);
        }
    }
}
```

ESP32

同 LAB19.py。

測試遊戲

1. 將 LAB21.py 儲存到 ESP32 中，並命名為 **main.py**

2. 斷開 ESP32 與 Thonny 的連線

3. 到 Unity 將場景中的 3 把武器拖移至 **ChangeWeapon_2** 腳本的空格中：

4. 執行 Unity 遊戲

將實體的武器元件插在手把上，可以看到 Unity 遊戲中出現對應的武器：

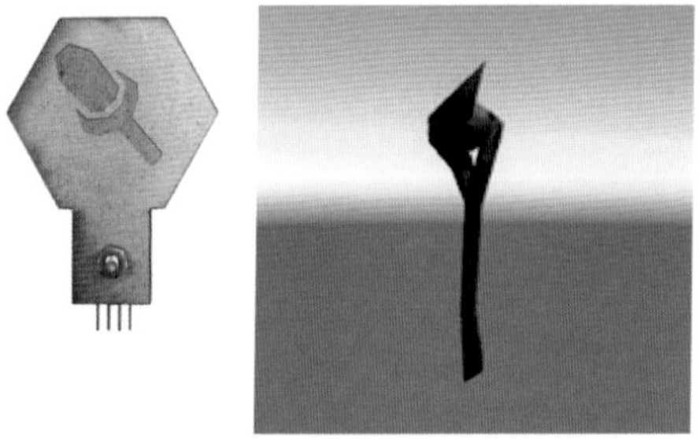

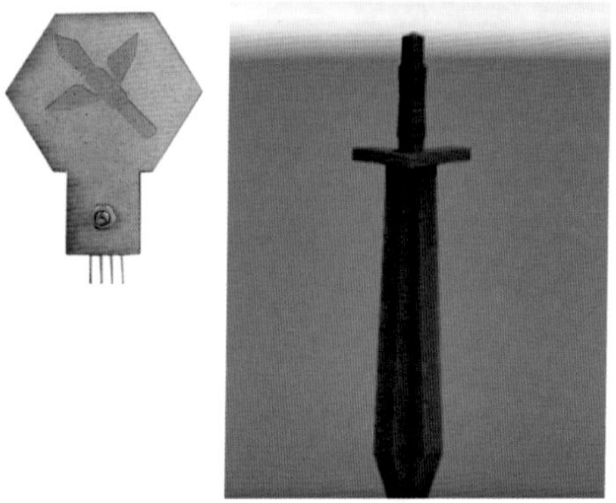

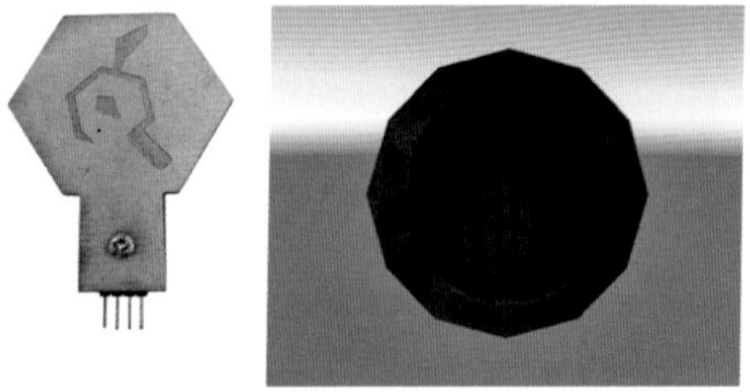

CHAPTER

12

下一站！虛實整合遊戲

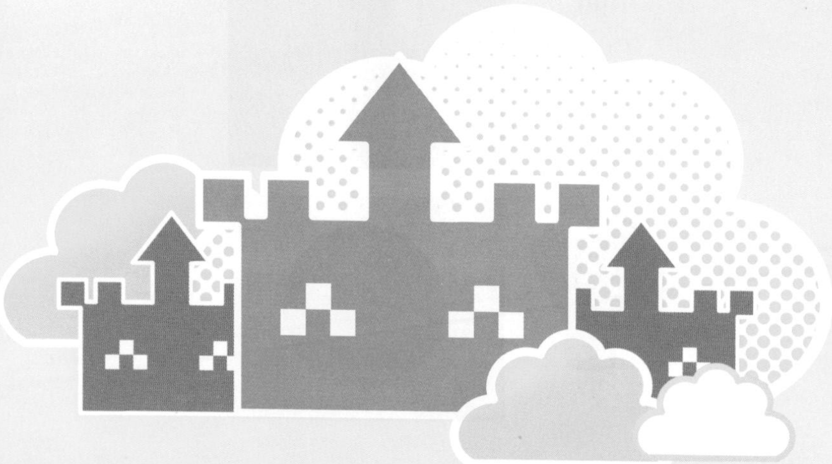

12-1 簡介

本套件中可以使用組裝好的手把遊玩的遊戲共有兩個：DemoGame 以及 FinalGame，在手把的電路部分組裝完成後，用來測試手把功能的遊戲為 DemoGame（測試遊戲）。而另一個較為完整且具有故事性的遊戲為 FinalGame（最終遊戲）。

在遊戲中，手把的功能如下：

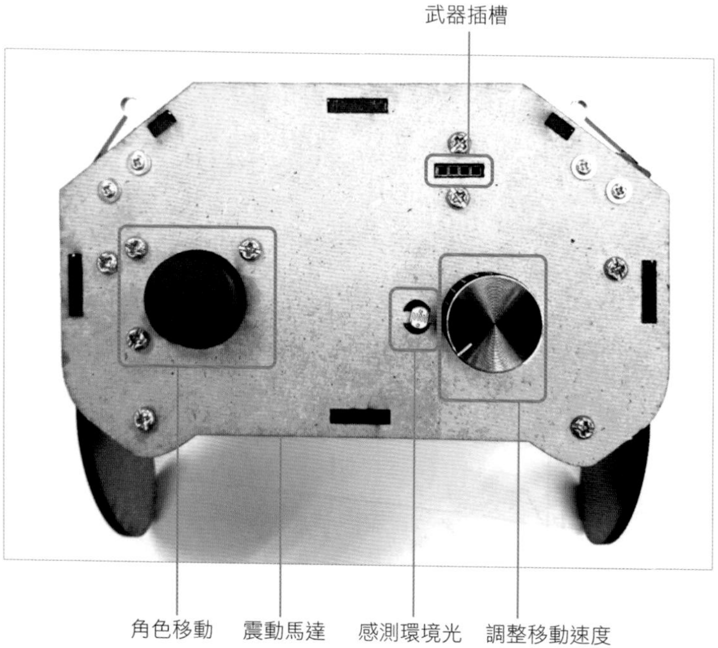

攻擊

視角轉向

就跟大部分的角色扮演遊戲一樣，你可以在一個虛擬世界裡到處遊走、攻擊怪物、解鎖新任務，本套件的手把讓你可以自製手把的功能，厲害的玩家甚至可以將其他感測器、致動器擴充裝配在手把上，讓遊戲增添樂趣。

12-2 遊戲安裝及操作方法

在開啟遊戲檔案之前，請先使用套件中附的 USB 線，將手把與電腦連接起來：

本套件的 ESP32 控制板在出廠時都已經事先上傳好可以直接玩遊戲的程式碼了，如果你已經跟著前面幾章的教學完成實驗，那麼搭配 FinalGame 的程式檔 main.py 就被蓋掉了，請重新上傳範例程式碼資料夾中的 main.py 程式碼到 ESP32 控制板：

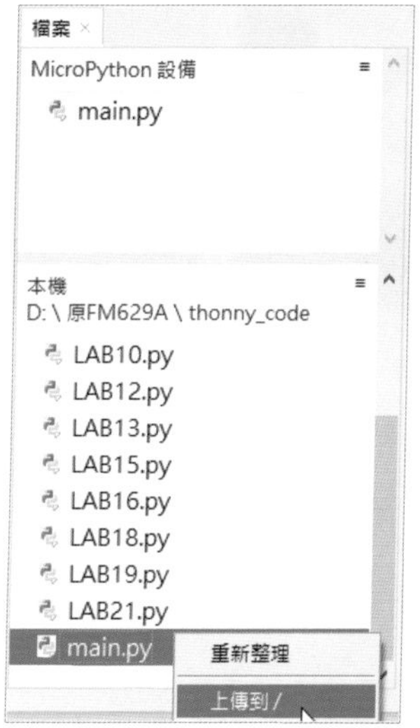

在第 2 章的組裝章節末已經下載了本套件中會使用到的範例程式檔，裡面也包含了測試遊戲以及最終遊戲的 Windows 安裝檔 (setup) 以及 Mac 的應用程式檔，請依照你的作業環境執行對應的檔案，安裝最終遊戲：

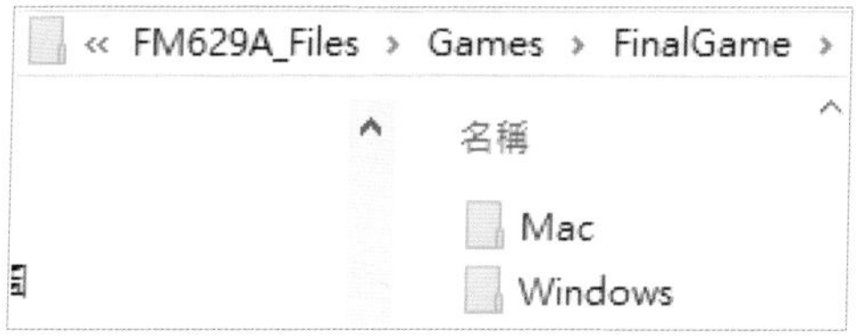

如同第 2 章的安裝步驟，將最終遊戲安裝完成後開啟遊戲，程式會自動與手把建立通訊：

尚未連接手把

已連接手把

若執行遊戲後無法與手把順利連接，請重新確認各項步驟是否有正確執行。

12-3 最終遊戲

在最終遊戲裡，你是一個魔法師，可以藉由實體手把的各種功能跟遊戲互動，打敗地下城的怪物，完成遊戲中的任務！

根據你在遊戲中的互動會產生不同的結局，4 個結局對應到需要蒐集的 4 個徽章，可以在遊戲中盡情探索，嘗試各種可能性，將全部的徽章蒐集完成！

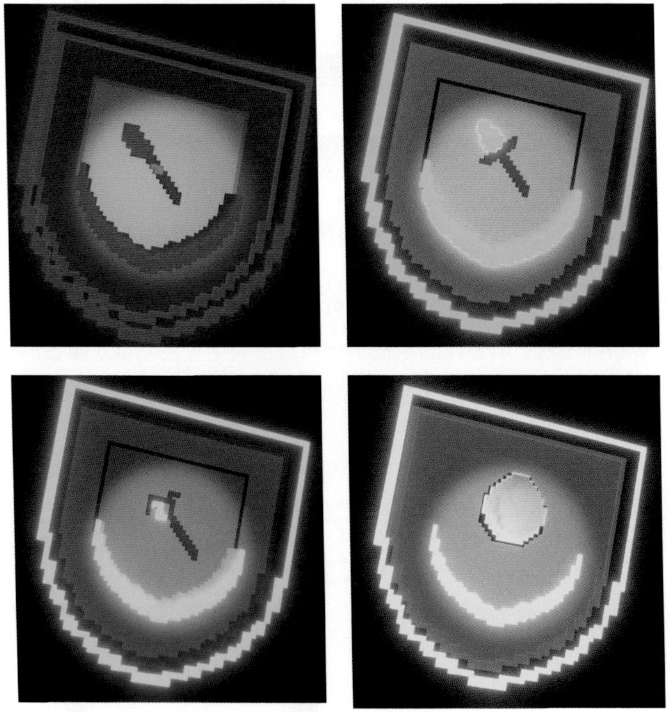

軟體補給站

多執行緒

前面的實驗中共有 2 個連接 ESP32 的腳本：ESP32Connect_1 和 ESP32Connect_2， ESP32Connect_1 負責**傳送資料給 ESP32**，ESP32Connect_2 則是**接收來至 ESP32 的資料**。而在 DemoGame 和 FinalGame 中，兩者必須同時使用，所以將兩個腳本合併，名為 **ESP32Connect_3**。在 ESP32Connect_3 中，如果互相傳送資料太頻繁，有可能會因為程式正在忙著做其他事，死等資料無法做其它事，這時可以使用『多執行緒』來分工。

多執行緒可以想像成多個人幫忙工作，以此來減少單一人的工作量，就比較不會有資料沒有正常接收的問題。

在 Unity 中，在宣告執行緒前需要先匯入 **System.Threading**：

Visual studio

```
using System.Threading;
```

匯入完成後，就可以宣告執行緒：

Visual studio

```
Thread thread;              // 宣告 執行緒
```

接下來就要使用 **ThreadStart() 函式**指定工作給執行緒：

Visual studio

```
ThreadStart(執行緒要執行的工作)
```

⚠ 執行緒要執行的工作需要寫成**函式 (function)**。

最後再開啟執行緒即可：

Visual studio

```
Thread.Start()      // 開啟執行緒
```

軟體補給站

優化程式

本書大部分的**互動範例**都會不斷從 ESP32 傳送資料給 Unity, 例如：傳送微動開關的按壓狀態。但微動開關的狀態如果沒有變化，其實就不用一直告知 Unity, 所以更改成**變化狀態時**再傳送：

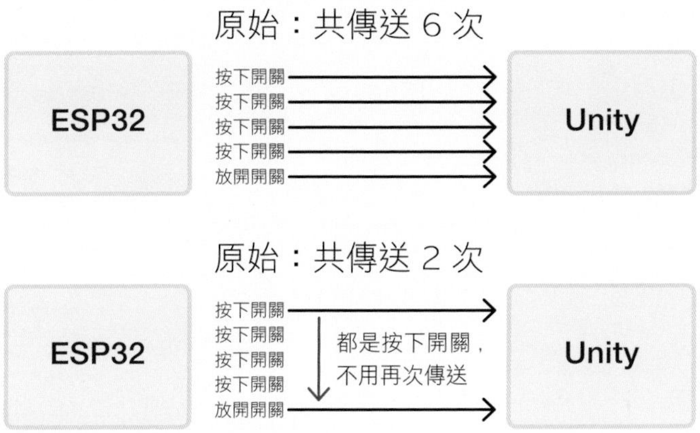

這樣傳送端和接收端都可以減輕負擔。

MEMO